大專用書

成本會計題解(上)

洪國賜 著

三民書局 印行

國家圖書館出版品預行編目資料

成本會計題解／洪國賜著. --再版二刷. --臺北市：三民，民89
冊；　公分
ISBN 957-14-2731-4（上冊：平裝）
ISBN 957-14-2732-2（下冊：平裝）

1.成本會計-問題集

495.71022　　86014693

網際網路位址　http://www.sanmin.com.tw

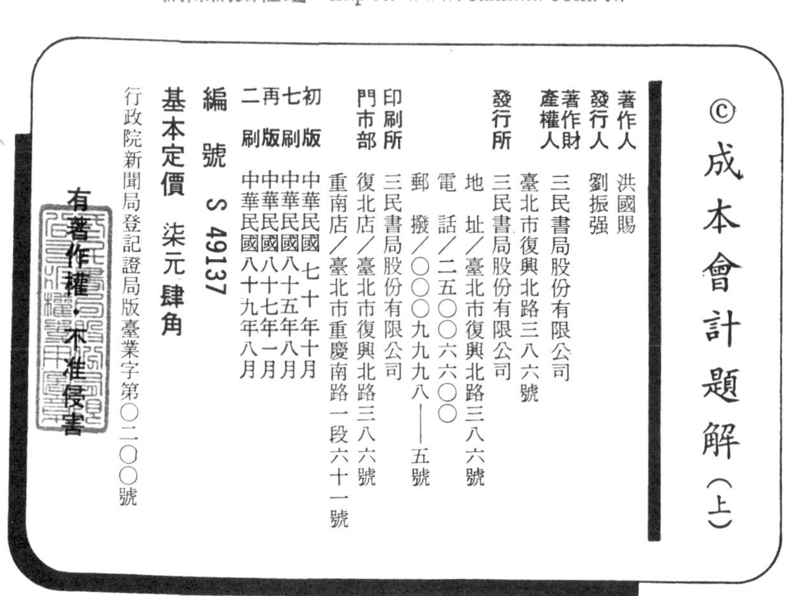
© 成本會計題解（上）

著作人　洪國賜
發行人　劉振强
著作財產權人　三民書局股份有限公司
臺北市復興北路三八六號
發行所　三民書局股份有限公司
地址／臺北市復興北路三八六號
電話／二五〇〇六六〇〇
郵撥／〇〇〇九九九八——五號
印刷所　三民書局股份有限公司
門市部　復北店／臺北市復興北路三八六號
重南店／臺北市重慶南路一段六十一號
初版　中華民國七十年十月
七刷　中華民國八十五年八月
再版　中華民國八十七年一月
二刷　中華民國八十九年八月
編號　S 49137
基本定價　柒元肆角
行政院新聞局登記證局版臺業字第〇二〇〇號

ISBN 957-14-2731-4（上冊；平裝）

成本會計題解（上）

（基本原理及成本規劃與控制）

目　次

第一章　成本會計簡介

問答題

問答題旨在讓學生有思考發揮之空間，以應用其所學，故不另附解答，以下各章同。

第二章　成本基本概念

選擇題

2.1　在品質管制制度之下，下列那一項或那些項目，屬於內部失誤成本？

I.瑕疵品整修成本

II.顧客損失賠償

III.統計分析成本

(a) I

(b) II

(c) III

(d) I，　II，　III

解：(a)

瑕疵品整修成本屬於內部失誤成本；至於賠償顧客損失，則屬於外部失誤成本。統計分析成本為檢驗成本之一種，不屬於失誤成本的範圍。

2.2　支付下列那一項工資屬於直接人工成本？

	工廠機器操作員	工廠監工
(a)	非	非
(b)	非	是
(c)	是	是
(d)	是	非

解: (d)

直接人工成本，包含各項可用既經濟而又易於實行的方法，直接予以辨認而追蹤至製成品成本之內。工廠機器操作員之工資，乃典型之直接人工成本，蓋此類人工成本，可直接辨認而歸屬於製成品成本之內。至於工廠監工工資，無法用既經濟而又易於實行的方法，直接攤入製成品成本之內，必須用各種間接的分攤方法，攤入製成品成本之內，故屬於間接人工成本。

2.3 F公司從事紡織品的製造事業； 1997年度的生產成本中，包括下列各項薪金及工資:

織布機作業員	$180,000
工廠監工	60,000
機器工程師	40,000

F公司 1997年度直接人工及間接人工各為若干?

	直接人工	間接人工
(a)	$180,000	$ 60,000
(b)	$180,000	$100,000
(c)	$220,000	$ 60,000
(d)	$240,000	$ 40,000

解: (b)

直接人工成本包括各種可用既經濟而又易於實行的方法，予以辨認而追蹤至製成品成本之內；除此以外之其他工廠人工成本，都屬於間接人工成本。

F公司織布機操作員工資，可直接追蹤至製成品成本之內，故為直接人工成本；至於工廠監工及機器工程師之薪資，並不直接從事於生產工作，故屬於間接人工成本。因此， F公司 1997 年度之直接人工成本為$180,000，間接人工成本為$100,000 ($60,000 + $40,000)。

2.4　M 公司某年度 8 月份的生產成本如下:

直接原料	$120,000
直接人工	108,000
製造費用	22,000

可明確辨認而歸屬於特定產品的成本，應為若干？

(a)$250,000

(b)$228,000

(c)$142,000

(d)$130,000

解：(b)

直接原料及直接人工成本，可明確辨認而追蹤至製成品成本之內，故為最典型的直接成本；因此，可明確辨認而歸屬於特定產品之成本如下：

直接原料	$120,000
直接人工	108,000
合　　計	$228,000

至於製造費用，大部份屬於間接生產成本，無法明確辨認而追蹤至製成品成本之內，必須經由各種間接分攤方法，攤入特定產品成本之內。

2.5　直接原料成本屬於何項成本？

	生產成本	期間成本
(a)	非	是
(b)	非	非
(c)	是	非
(d)	是	是

解：(c)

生產成本乃產品於生產過程中的各項成本，包括直接原料、直接人工、及製造費用；期間成本為某特定期間的費用或成本。因此，本題之直接原料成本，屬於生產成本，在未轉入銷貨成本之前，並不屬於期間成本。

2.6 直接人工成本屬於何項成本？

	主要成本	加工成本
(a)	非	是
(b)	是	非
(c)	是	是
(d)	非	非

解：(c)

主要成本包括直接原料成本及直接人工成本；加工成本包括直接人工成本及製造費用；因此，本題中之直接人工成本，一方面為主要成本，另一方面又是加工成本。

2.7 間接人工成本屬於下列那一項成本？

(a)主要成本。

(b)加工成本。

(c)期間成本。

(d)非製造成本。

解：(b)

間接人工成本包括那些不直接從事生產作業之人工成本，且無法明確辨認而直接追蹤至製成品成本之內；這些成本屬於製造費用之一部份。蓋加工成本包括直接人工成本及製造費用在內；故間接人工

成本屬於加工成本。

應用下列資料，作為解答第2.8 及第 2.9 題之根據：
B 公司生產塑膠產品；1996年的製造成本如下：

薪工：	
機器操作人員	$100,000
機器維護人員	20,000
監　工	60,000
原料耗用：	
塑膠原料	$460,000
潤滑油	5,000
其他物料	2,000

2.8　B公司 1996年的直接人工成本應為若干？

(a)$100,000

(b)$120,000

(c)$160,000

(d)$180,000

解：(a)

直接人工成本包括各項可明確辨認而追蹤至製成品負擔之人工成本；除此以外之其他人工成本，雖為生產過程中所必需之人工成本，仍應予列為間接人工成本，屬於製造費用的範圍。機器維護人員之薪工，並非直接人工成本；蓋維護人員並不直接從事於產品之生產工作，故屬間接人工成本。監工人員之薪工，也屬於間接人工成本；蓋監工人員並未直接從事於產品之生產工作。因此，僅機器操作人員薪工$100,000，屬於直接人工成本。

2.9 B 公司 1996年的直接原料成本應為若干?

(a)$467,000

(b)$465,000

(c)$462,000

(d)$460,000

解: (d)

直接原料包括各項可明確辨認而追蹤至產品負擔之原料成本; 除此以外之其他材料成本, 雖為生產過程中所必須之材料, 仍應予列為間接材料成本, 屬於製造費用的範圍。潤滑油及其他物料, 也許可直接追蹤至製成品負擔, 惟以其金額微小, 又直接辨認浪費人力成本不貲, 故通常予以列為間接材料。因此, 僅塑膠原料成本 $460,000, 屬於直接原料成本。

2.10 L 公司 1997年的生產成本資料如下:

直接原料及直接人工成本	$300,000
生產設備折舊	42,000
廠房折舊	24,000
廠房清潔工人工資	9,000

該公司編製對外財務報告時, 存貨成本應為若干?

(a)$375,000

(b)$366,000

(c)$351,000

(d)$300,000

解: (a)

根據一般公認之會計原理原則, 以及稅法上之要求, 企業對外之財務報表, 必須顯示以實際成本為計算基礎之存貨成本及銷貨成本數字。因此，所有製造成本（生產成本）必須包括於存貨成本之內，如存貨成本已出售的部份，則轉入銷貨成本，屬於期間成本。

製造成本包括直接原料、直接人工、及製造費用；生產設備折舊、廠房折舊、及廠房清潔工人工資等，均屬於製造費用。因此，存貨成本應為$375,000，可計算如下：

製造成本 = $300,000 + $42,000 + $24,000 + $9,000
（屬存貨成本）= $375,000

計算題

2.1 華興餐具公司生產銀器及廚房用具， 1997年所有成本資料列示如下：

材料成本：	
不銹鋼	$320,000
包裝紙盒及塑膠袋等	12,000
塗料及潤滑油	6,000
儲存材料用之木料等	4,000
人工成本：	
生產作業人員薪資	$240,000
生產技師薪資	60,000
監工薪資	40,000
打雜工人薪資	20,000

(a) 1997年直接原料成本為若干？

(b) 1997年直接人工成本為若干？

(c) 1997年間接材料、間接人工、及製造費用各為若干？

解：

(a)直接原料係指那些可明確辨認而歸屬於製成品的原料成本，並構成製成品的整體所必需的部份。因此，本題中直接原料成本，僅不銹鋼成本$320,000。

(b)直接人工成本係指那些可明確辨認而追蹤至製成品的人工成本。因此，本題中直接人工成本，僅生產作業人員薪資$240,000。

(c)間接材料包括下列各項:

包裝紙盒及塑膠帶等	$12,000
塗料及潤滑油	6,000
儲存材料用之木箱及木料等	4,000
間接材料合計	$22,000

間接人工包括下列各項:

生產技師薪資	$ 60,000
監工薪資	40,000
打雜工人薪資	20,000
間接人工合計	$120,000

華興公司 1997 年所有成本資料，均已列示，故製造費用僅包括間接材料$22,000 及間接人工$120,000，合計為$142,000。

2.2 友仁公司 1997年的會計記錄，含有下列各項生產成本:

直接原料	$275,000
直接人工	552,000
間接材料	180,000
間接人工	128,000
水電費	64,000
工廠維護費	18,000
銷售及管理費用	160,000

(a) 1997年主要成本為若干？

(b) 1997年加工成本為若干？

(c) 1997年生產成本為若干？

解:

(a)主要成本包括直接原料及直接人工，計算如下:

直接原料	$275,000
直接人工	552,000
主要成本合計	$827,000

(b)加工成本包括直接人工及製造費用，計算如下:

直接人工	$552,000
製造費用:	
間接材料	180,000
間接人工	128,000
水電費	64,000
工廠維護費	18,000
加工成本合計	$942,000

(c)生產成本包括直接原料及加工成本，計算如下:

直接原料	$ 275,000
加工成本	942,000
生產成本合計	$1,217,000

2.3 紐約公司 1996年度製成品 1,000單位之各項固定 (F) 及變動成本 (V) 列示如下:

直接原料耗用 (V)	$126,000
直接人工 (V)	232,000
監工薪資 (F)	56,000
間接材料 (V)	40,000
電力費: 開動機器之用 (V)	35,500
燈光及雜項電力費 (F)	24,000
廠房及設備折舊: 直線法 (F)	20,000
廠房稅捐 (F)	32,000

1997年度預計變動成本及總固定成本，將維持不變；又產量將增加20%。

試求：計算 1997年度的產品總成本及單位成本。

解:

1997 年度產品總成本及單位成本，計算如下:

	變動成本		固定成本	總成本
直接原料	$\$126,000 \times 120\% =$	$151,200	–	$151,200
直接人工	$232,000 \times 120\% =$	278,400	–	278,400
製造費用:				
監　工		–	$ 56,000	56,000
間接材料	$40,000 \times 120\% =$	48,000	–	48,000
電力費	$35,500 \times 120\% =$	42,600	–	42,600
燈光及其他		–	24,000	24,000
廠房設備折舊		–	20,000	20,000
廠房稅捐		–	32,000	32,000
合　計		$520,200	$132,000	$652,200
產　量				÷ 1,200
單位成本				$543.50

2.4 加華公司 1997年度，有關成本資料如下:

售價	每單位$500
固定成本:	
製造費用	每年$76,000
銷管費用	每年$60,000
變動成本:	
直接原料	每單位$150
直接人工	每單位$75
製造費用	每單位$25
銷管費用	每單位$15
產銷數量	每年 2,000單位

試求: 計算下列各項總成本及單位成本

(a)主要成本。

(b)加工成本。

(c)生產成本。

解:

(a)主要成本包括直接原料成本及直接人工成本; 列示其計算如下:

	主要成本
直接原料: $150 × 2,000	$300,000
直接人工: $75 × 2,000	150,000
主要成本總額	$450,000
單位主要成本	$225

(b)加工成本包括直接人工成本及製造費用; 列示其計算如下:

	加工成本
直接人工	$150,000
製造費用:	
固定	76,000
變動: $25 × 2,000	50,000
加工成本總額	$276,000
單位加工成本	$138

(c)生產成本包括直接原料及加工成本；列示其計算如下：

	生產成本
直接原料	$300,000
加工成本	276,000
生產總成本	$576,000
生產單位成本	$288

2.5 華府公司生產燈飾產品， 1997年發現有 3,000件已過時，不受顧客歡迎，其存貨價值為$30,000；公司經理擬將這些燈飾重新改裝，必須耗用成本$12,000，經改裝後，可出售得款$21,000。相反地，如不予改裝，可逕予出售$4,800。

試求：假定公司經理無從決定是否要改裝或逕予出售，而請教於閣下，你應該如何答覆？請以數字表達之。

解：

已過時燈飾之存貨成本，屬於歷史成本，乃過去之決策所造成，企業管理者已無法控制，或加以改變，故為沉沒成本，與未來決策無關。因此，公司經理目前最重要的決定，就是將這些燈飾加以改裝，可增加多少收入？必須再花費多少成本？總收入減去總成本之後，淨收入若干？淨收入是否大於直接出售之收入？回答上述諸問題，吾人可用數字比較如下：

	方案一（改裝後出售）
改裝後銷貨收入	$21,000
減：改裝成本	12,000
改裝淨收入	$ 9,000

	方案二（逕予出售）
出售未改裝燈飾收入	$4,800
差額（方案一比方案二有利）	$4,200

2.6　華友公司 1998年 5 月份的各項成本資料如下:

1.加工成本為主要成本之 75%。

2.間接材料為直接原料之 9%，佔製造費用總額之 15%。

3.間接人工及其他間接製造費用共計$51,000。

試求:

(a)直接原料成本。

(b)直接人工成本。

(c)製造費用總額。

解:

直接原料、直接人工 (y) } 主要成本

製造費用 (x) { 間接材料 $(15\%x)$；間接人工、其他製造費用 } $(85\%x) = \$51,000$

直接人工 (y) + 製造費用 (x) } 加工成本

設 x 為製造費用，則:

$$x = \$51,000 \div 85\% = \$60,000 \cdots\cdots (c)$$

間接材料 $= \$60,000 - \$51,000 = \$9,000$

又間接材料為直接原料之 9%

故直接原料成本: $\$9,000 \div 9\% = \$100,000 \cdots\cdots (a)$

另設直接人工成本為 y，則:

$$(y + \$60,000) = 75\%(\$100,000 + y)$$

$$y = \$60,000 \cdots\cdots (b)$$

2.7 銘傳公司製造某種產品，每單位售價$10，其變動製造成本每單位$6，固定製造成本，在正常生產能量 20,000至 30,000單位下，每年計$50,000，推銷員佣金依銷貨額 10%計算。此外，每年支付固定銷售及管理費用$22,000。

試求：請計算在下列各種銷售能量下之預計損益

(a) 20,000單位。

(b) 25,000單位。

(c) 30,000單位。

解：

	(a)	(b)	(c)
銷貨能量	20,000	25,000	30,000
銷貨收入：@$10	$200,000	$250,000	$300,000
變動成本：			
製造成本@$6	$120,000	$150,000	$180,000
推銷員佣金：按銷貨收入 10% 計算	20,000	25,000	30,000
	$140,000	$175,000	$210,000
固定成本：			
製造成本	$ 50,000	$ 50,000	$ 50,000
銷售及管理費用	22,000	22,000	22,000
	$ 72,000	$ 72,000	$ 72,000
製銷總成本	$212,000	$247,000	$282,000
淨利（損）	$(12,000)	$ 3,000	$ 18,000

2.8 家傳公司19A 年有關成本數字如下：

1.耗用材料成本（包括直接原料及間接材料）$512,000。

2.直接原料成本為主要成本之 75%。

3.主要成本為製造成本之 80%。

4.製造成本為製銷總成本之 80%。

5.間接材料成本為製造費用之 20%。

試求:

(a)直接原料耗用成本。

(b)間接材料耗用成本。

(c)直接人工耗用成本。

(d)製造費用。

(e)製造成本。

(f)銷管費用。

(g)製銷總成本。

解:

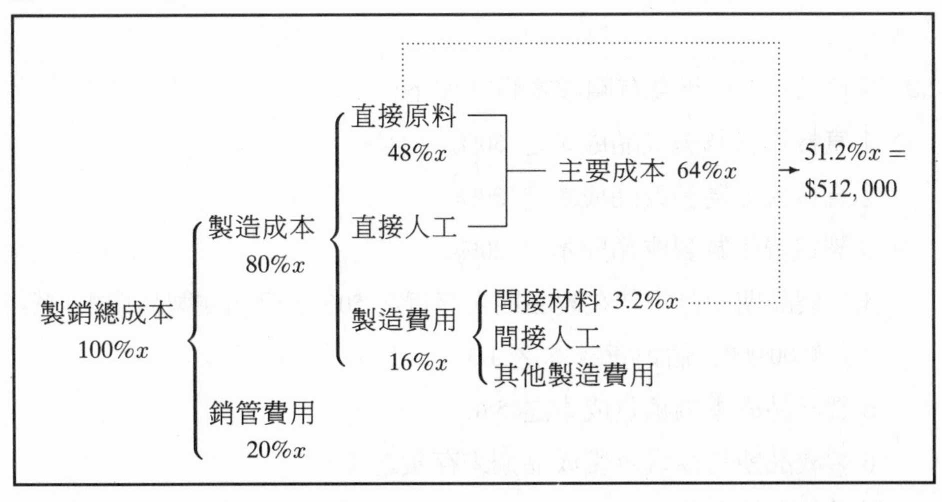

設 x 為製銷總成本

則主要成本: $80\%x \times 80\% = 64\%x$

製造費用: $80\%x - 64\%x = 16\%x$

間接材料: $16\%x \times 20\% = 3.2\%x$

直接原料: $64\%x \times 75\% = 48\%x$

耗用材料成本：直接原料 + 間接材料 = \$512,000

$= 48\%x + 3.2\%x = \$512,000$

$51.2\%x = \$512,000$

$x = \$1,000,000$

(a)直接原料耗用成本：$\$1,000,000 \times 48\% = \$480,000$

(b)間接材料耗用成本：$\$1,000,000 \times 3.2\% = \$32,000$

(c)直接人工耗用成本：$\$1,000,000 \times (64\% - 48\%) = \$160,000$

(d)製造費用：$\$1,000,000 \times 16\% = \$160,000$

(e)製造成本：$\$1,000,000 \times 80\% = \$800,000$

(f)銷管費用：$\$1,000,000 \times 20\% = \$200,000$

(g)製銷總成本：$\$1,000,000$

2.9 又傳公司19B 年度有關成本資料如下：

1.直接原料為製成品成本之 50%。

2.直接人工為製成品成本之 50%。

3.製造費用為製成品成本之 20%。

4.在製品期初存貨為在製品期末存貨之 50%。已知在製品期末存貨為\$200,000，佔銷貨成本之 1/3。

5.製成品成本為銷貨成本之 5/6。

6.製成品期初存貨為製成品期末存貨之 200%。

試計算上述各項成本。

解：

設 $x =$ 銷貨成本

則各項成本之計算如下：

	比 率	金 額
直接原料	$\frac{2.5}{6}x$	\$ 250,000
直接人工	$\frac{2.5}{6}x$	250,000
製造費用	$\frac{1}{6}x$	100,000
製造成本	x	\$ 600,000
加：在製品期初存貨	$\frac{1}{6}x$	100,000
減：在製品期末存貨	$\frac{1}{3}x$	(200,000)
製成品成本	$\frac{5}{6}x$	\$ 500,000
加：製成品期初存貨	$\frac{2}{6}x$	200,000
減：製成品期末存貨	$\frac{1}{6}x$	(100,000)
銷貨成本	x	\$ 600,000

製成品成本： $x \cdot \frac{5}{6} = \frac{5}{6}x$

製成品期初存貨： $\frac{5}{6}x+$製成品期初存貨 − 製成品期末存貨 $= x$

製成品期初存貨 − 製成品期末存貨 $= \frac{1}{6}x$

又製成品期初存貨為製成品期末存貨之 200%

∴製成品期初存貨 $= \frac{2}{6}x$

製成品期末存貨： $\frac{1}{6}x$

在製品期初存貨： $\frac{1}{3}x \cdot 50\% = \frac{1}{6}x$

直接原料： $\frac{5}{6}x \cdot 50\% = \frac{2.5}{6}x$

直接人工： $\frac{5}{6}x \cdot 50\% = \frac{2.5}{6}x$

製造費用: $\frac{5}{6}x \cdot 20\% = \frac{1}{6}x$

在製品期末存貨: $\frac{1}{3}x = \$200,000$

$x = \$600,000$

2.10 世傳公司製造甲、乙、丙三種產品，其成本與生產資料如下:

1.甲產品每單位直接原料成本，較乙產品大 50%，丙產品每單位直接原料成本，較乙產品小 50%。

2.三種產品每單位直接人工成本均相同。

3.三種產品單位的製造費用，如下列比例:

甲產品: 4

乙產品: 3

丙產品: 2

4.某年度 5 月份生產量預計如下:

甲產品: 2,000單位

乙產品: 3,000單位

丙產品: 4,000單位

5.該月份製造成本資料預計如下:

製造費用	$37,500
直接原料 — 5月初	10,000
直接原料 — 5月底	12,000
直接原料 — 購入	34,000
直接人工	22,500

6.三種產品的銷售及管理費用，預計為製造成本之 40%。

7.該公司以預計售價之 20%，作為利益。

試求:

(a)預計製造成本。

(b)預計銷管費用。

(c)預計利潤。

(d)三種產品的預計單位售價。

(高考試題)

解:

(a)預計製造成本:

每單位成本比例如下:

	甲產品		乙產品		丙產品
直接原料	3	:	2	:	1
直接人工	1	:	1	:	1
製造費用	4	:	3	:	2

單位數量如下:

	直接原料		直接人工		製造費用	
甲產品:	2,000 × 3 =	6,000	2,000 × 1 =	2,000	2,000 × 4 =	8,000
乙產品:	3,000 × 2 =	6,000	3,000 × 1 =	3,000	3,000 × 3 =	9,000
丙產品:	4,000 × 1 =	4,000	4,000 × 1 =	4,000	4,000 × 2 =	8,000
		16,000		9,000		25,000
耗用成本（總額）		$32,000*		$22,500		$37,500
單位成本		$2.00		$2.50		$1.50

*$10,000 + $34,000 − $12,000 = $32,000

預計製造成本:

直接原料	$32,000	
直接人工	22,500	
製造費用	37,500	$92,000

(b)預計銷管費用: $\$92,000 \times 40\% = \$36,800$

(c)預計利潤:

預計總成本= 預計製造成本 + 預計銷管費用

= $92,000 + $36,800

= $128,800

預計售價 $= \$128,800 \div 80\% = \$161,000$

預計利潤 $= \$161,000 \times 20\% = \$32,200$

(d)三種產品的預計單位售價:

預計單位製造成本:

	甲產品	乙產品	丙產品
直接原料	$\$2.00 \times 3 = \$\ 6.00$	$\$2.00 \times 2 = \$\ 4.00$	$\$2.00 \times 1 = \$2.00$
直接人工	$2.50 \times 1 = \ 2.50$	$2.50 \times 1 = \ 2.50$	$2.50 \times 1 = \ 2.50$
製造費用	$1.50 \times 4 = \ 6.00$	$1.50 \times 3 = \ 4.50$	$1.50 \times 2 = \ 3.00$
	$14.50	$11.00	$7.50

預計單位銷管費用:

	甲產品	乙產品	丙產品
	×40%	×40%	×40%
	$ 5.80	$ 4.40	$ 3.00
預計單位總成本:	$20.30	$15.40	$10.50

預計單位售價:

$\$20.30 \div 80\% = \$25.375$

$\$15.40 \div 80\% = \$19.25$

$\$10.50 \div 80\% = \$13.125$

2.11 千傳公司於 19A 年 6 月份，出售冷氣機 50臺，每臺售價$8,000。單位成本包括：直接原料$2,000，直接人工$1,200，製造費用按直接人工成本之 100%計算。

自 19A 年 7 月份起，每臺冷氣機的原料成本將降低 5%，直接人工成本將增加 20%。該公司 19A 年 7 月份預計銷貨量與 6 月份相同，均為 50臺。

試求：

(a)設該公司 7 月份的製造費用仍按直接人工成本 100%計算，試計算該公司 7 月份應以何種單價出售，才能獲得與 6 月份相同的毛利率。

(b)設該公司 6 月份製造費用的固定部份為$400，試求該公司 7 月份應以何種單價出售，才能獲得與 6 月份相同的毛利率。

解：

19A 年 6 月份的毛利：

銷貨價格		$8,000	100%
減：銷貨成本：			
直接原料	$2,000		
直接人工	1,200		
製造費用	1,200	4,400	55%
銷貨毛利		$3,600	45%

	(a)	(b)
銷貨成本：		
直接原料：$\$2,000 \times 95\%$	$1,900	$1,900
直接人工：$\$1,200 \times 120\%$	1,440	1,440
製造費用：		
(a) $\$1,440 \times 100\%$	1,440	
(b)固定：		400
變動：		960*
銷貨成本總額	$4,780	$4,700

*19A 年 6 月份之變動製造費用 $= \$1,200 - \$400 = \$800$

19A 年 7 月份之變動製造費用 $= \$1,440 \times \frac{800}{1,200} = \$960$

銷貨價格（每臺）：

(a) $\$4,780 \div 55\% = \underline{\underline{\$8,690.91}}$

(b) $\$4,700 \div 55\% = \underline{\underline{\$8,545.45}}$

第三章　成本會計制度與成本流程

選擇題

3.1 P 公司 1997年 3月份耗用直接原料$200,000；另悉該公司 1997年 3月 31日之直接原料期末存貨，比 1997年 3月 1日之直接原料期初存貨，少$30,000。

1997 年3 月份，該公司直接原料進貨應為若干？

(a)$230,000

(b)$200,000

(c)$170,000

(d) –0–

解：(c)

為計算 P 公司 1997 年 3 月份之直接原料進貨數額，可應用下列方式計算之:

直接原料

3/1/97	x	3月份耗用	200,000
進　料			
3/31/97	$x-30{,}000$		

$x+$ 進料 $-$ \$200,000 $= x -$ \$30,000

進料 $= -\$30{,}000 + \$200{,}000 = \$170{,}000$

3.2 H 公司 1997年度共發生製造成本$108,900，並產出下列產品：

完工產品	10,000單位
正常損壞品 (無法銷售)	600單位
非正常損壞品 (無法銷售)	400單位

H 公司 1997年應記入製成品帳戶之製成品成本，應為若干？

(a)$108,900

(b)$104,940

(c)$102,960

(d)$99,000

解：(b)

正常損壞品成本，為製造過程中所無法避免的部份，故應包括於製造成本之內；至於非正常損壞品成本，乃製造過程中可避免的部份，故應於發生時，列為當年度之損失，屬於期間成本。

H 公司 1997 年產品單位成本及製成品成本，可予計算如下：

單位成本 $= \$108,900 \div 11,000(10,000 + 600 + 400) = \$9.90$

製成品成本 $= \$9.90 \times 10,600(10,000 + 600) = \$104,940$

應用下列資料，作為解答第 3.3 題至第 3.5 題之根據：

A 公司有下列成本資料：

存　貨	3/1/97	3/31/97
直接原料	$72,000	$60,000
在製品	36,000	24,000
製成品	60,000	70,000

1997年 3月份，另有下列補充資料：

直接原料進貨	$100,000
直接人工支付	80,000
每小時直接人工工資率	10.00
製造費用按直接人工每小時之分攤率	12.00

3.3　1997年 3月份，主要成本應為若干？

(a)$190,000

(b)$192,000

(c)$194,000

(d)$176,000

解：(b)

主要成本為直接原料及直接人工之和。直接原料之耗用，可計算如下：

直接原料

3/1/97	72,000	原料耗用	x
進　貨	100,000		
3/31/97	60,000		

$\$72,000 + \$100,000 - x = \$60,000$

$x = \$112,000$

主要成本 $= \$112,000 + \$80,000 = \$192,000$

3.4　1997年 3月份之加工成本應為若干？

(a)$160,000

(b)$162,000

(c)$170,000

(d)$176,000

解: (d)

加工成本為直接人工與製造費用之和。直接人工為$80,000; 製造費用可計算如下:

支付直接人工	$80,000
每小時直接人工工資率	÷ 10
直接人工時數	8,000小時
每小時分攤率	× 12
製造費用	$96,000

加工成本 $= \$80,000 + \$96,000 = \$176,000$

3.5 1997年 3月份之製成品成本應為若干?

(a)$290,000

(b)$296,000

(c)$300,000

(d)$320,000

解: (c)

製成品成本可計算如下:

在製品期初存貨	$ 36,000
加: 直接原料耗用	112,000
直接人工	80,000
已分攤製造費用	96,000
合計	$324,000
減: 在製品期末存貨	(24,000)
製成品成本	$300,000

3.6 某公司 1996年 12月 31日年度終了時, 有下列會計記錄:

原料存貨增加	$ 20,000
製成品存貨減少	25,000
購入原料	330,000
直接人工支付	200,000
製造費用	250,000
銷貨運費	20,000

另悉無期初及期末在製品存貨。該公司 1996年度之銷貨成本應為若干?

(a)$770,000

(b)$775,000

(c)$780,000

(d)$785,000

解: (d)

(1)	購入直接原料	$330,000
	減: 原料存貨增加	(20,000)
	原料耗用	$310,000
(2)	在製品期初存貨	$ 0
	加: 直接原料耗用	310,000
	直接人工	200,000
	製造費用	250,000
		$760,000
	減: 在製品期末存貨	0
	製成品成本	$760,000
(3)	製成品成本	$760,000
	加: 製成品存貨減少	25,000
	銷貨成本	$785,000

銷貨運費屬於銷管費用, 與銷貨成本無關, 不能計入。

3.7 N 公司採用分批成本會計制度，並按直接人工成本法，為分攤製造費用之基礎。 1997年度 A 製造部分攤率為 100%， B 製造部分攤率為 25%。第 101 批次之產品，於當年度內，應分攤下列成本：

	A 製造部	B 製造部
直接原料	$50,000	$10,000
直接人工	?	60,000
製造費用	20,000	?

第 101批次之產品，須經 A、 B兩個製造部而製成，其製造成本應為：

(a)$170,000

(b)$175,000

(c)$180,000

(d)$185,000

解：(b)

第 101 批次產品之製造成本，應包括直接原料、直接人工、及製造費用。因此， A、B 兩個製造部之成本，可計算如下：

	A 製造部	B 製造部	合　　計
直接原料	$50,000	$10,000	$ 60,000
直接人工	20,000*	60,000	80,000
製造費用	20,000	15,000**	35,000
製造成本	$90,000	$85,000	$175,000

* 製造費用= 直接人工 $(x) \times 100\%$

$\$20,000 = 100\%x$

$x = \$20,000$

**製造費用= 直接人工 $\times 25\%$

$= \$60,000 \times 25\%$

$= \$15,000$

3.8 S 公司 1997年 12月 31日年度終了時，少分攤製造費用$5,000。處理少分攤製造費用之前，該公司會計記錄中，含有下列各項資料：

銷貨收入	$240,000
銷貨成本	160,000
存貨：	
直接原料	7,200
在製品	12,000
製成品	28,000

根據 S 公司之會計制度，多或少分攤製造費用，均按年終時各項存貨及銷貨成本帳戶餘額之比例分攤。 1997年度損益表內， S 公司應列報銷貨成本若干？

(a)$160,000

(b)$162,000

(c)$163,000

(d)$164,000

解：(d)

多或少分攤製造費用，應按期末時在製品、製成品、及銷貨成本各帳戶餘額之比例分攤之；至於直接原料存貨，因並未加工製造，故不應分攤。

	在製品存貨	製成品存貨	銷貨成本	合　　計
(1)分攤前餘額	$12,000	$28,000	$160,000	$200,000
(2)百分比	6%	14%	80%	100%
(3)少分攤製造費用	300	700	4,000	5,000
(4)合計：(1)+(3)	$12,300	$28,700	$164,000	$205,000

1997 年度損益表內，應列報銷貨成本$164,000。

3.9 P 公司對於製造費用，按直接人工成本法預計分攤。 1997年 12月31日，年度終了時，該公司根據直接人工時數 50,000小時產能預計製造費用$300,000，標準直接人工工資每小時$3，實際製造費用$310,000，實際直接人工成本 $160,000， 1997年度多分攤製造費用應為若干?

(a)$10,000

(b)$12,500

(c)$15,000

(d)$50,000

解: (a)

第一步先計算製造費用預計分攤率如下:

$$\text{製造費用預計分攤率} = \frac{\$300,000}{\$3 \times 50,000}$$

$$= 200\% \text{（直接人工成本）}$$

第二步按下列方式，計算多分攤製造費用如下:

製造費用

實　際	310,000	預　計	320,000
		(160,000 × 200%)	
			10,000

1997年度多分攤製造費用為$10,000。

下列資料為解答第 3.10 題及第 3.11 題之根據:

T 公司 1997年 8月份之各項成本資料如下:

	8/1/97	8/31/97
存貨:		
直接原料	$36,000	$48,000
在製品	18,000	24,000
製成品	78,000	60,000

	1997 年 8 月份
製成品成本	$618,000
已分攤製造費用	180,000
直接原料耗用	228,000
實際製造費用	172,800

根據 T 公司之成本制度，所有多或少分攤製造費用，均於年度終了，轉入銷貨成本帳戶。

3.10 T 公司 1997年 8月份，直接原料進貨為若干?

(a)$216,000

(b)$228,000

(c)$234,000

(d)$240,000

解: (d)

計算直接原料進貨金額，吾人可應用下列 T 帳戶方式，計算如下:

材料（直接原料部份）

8/1/97	36,000	8月份耗用	228,000
進貨 (P)	?		
8/31/97	48,000		

$$\$36,000 + P - \$228,000 = \$48,000$$

$$P = \$240,000$$

3.11 T 公司 1997年 8月份，直接人工成本為若干?

(a)$204,000

(b)$210,000

(c)$216,000

(d)$200,000

解: (c)

計算直接人工成本，吾人可應用下列 T 帳戶方式，計算如下:

在製品

8/1/97	18,000	轉入製成品	618,000
直接原料耗用	228,000		
直接人工 (L)	?		
已分攤製造費用	180,000		
8/31/97	24,000		

$$\$18,000 + \$228,000 + L + \$180,000 - \$618,000 = \$24,000$$

$$L = \$216,000$$

3.12 R 公司 1997 年 5月 31日之會計記錄如下:

	5/1/97	5/31/97
存貨:		
直接原料	$ 27,000	$ 28,800
在製品	114,000	107,000
製成品	138,000	142,000

5月份發生下列成本:

直接原料進貨	$100,000
直接人工	62,000
製造費用	31,800

R 公司 1997 年 5 月份之銷貨成本應為若干?

(a)$190,000

(b)$192,000

(c)$195,000

(d)$199,000

解: (c)

可應用各項成本公式, 計算銷貨成本如下:

(1)設直接原料耗用為 M, 則:

$$\$27,000 + \$100,000 - M = \$28,800$$

$$M = \$98,200$$

(2)設製造成本為 N, 則:

$$N = \$98,200 + \$62,000 + \$31,800 = \$192,000$$

(3)設製成品成本為 X, 則:

$$\$114,000 + \$192,000 - X = \$107,000$$

$$X = \$199,000$$

(4)設銷貨成本為 Y, 則:

$$\$138,000 + \$199,000 - Y = \$142,000$$

$$Y = \$195,000$$

計算題

3.1 嘉華公司 1997年度之製造費用, 採用預計分攤率; 有關資料如下:

預計全年度製造費用	$1,400,000
預計全年度機器操作時數	40,000
實際製造費用	$1,360,000
實際機器操作時數	38,000

已知該公司採用機器操作時數為基礎，以計算其單一製造費用預計分攤率；發生多或少分攤製造費用時，隨即轉入銷貨成本帳戶。

試求:

(a)計算製造費用預計分攤率。

(b)列示製造費用按預計分攤率預計分攤之分錄 (按實際機器操作時數預計分攤)。

(c)以分錄方法比較多或少分攤製造費用，並將多或少分攤製造費用轉入相關帳戶。

解:

(a)製造費用預計分攤率之計算:

$$\text{預計分攤率} = \frac{\text{預計全年度製造費用}}{\text{預計全年度機器操作時數}}$$

$$= \frac{\$1,400,000}{40,000}$$

$$= \$35$$

(b)預計分攤製造費用之分錄:

在製品	1,330,000	
已分攤製造費用		1,330,000

$\$35 \times 38,000 = \$1,330,000$

(c)計算多或少分攤製造費用，並將其轉入銷貨成本帳戶:

已分攤製造費用（預計）	1,330,000	
少分攤製造費用	30,000	
製造費用（實際）		1,360,000

銷貨成本	30,000	
少分攤製造費用		30,000

3.2 海洋公司生產單一產品, 1997年 12月 31日有關成本資料如下:

1.當期總製造成本$1,000,000。

2. 1997年度製成品成本$970,000。

3.當期製造費用為直接人工成本之 75%, 並為當期總製造成本之 27%。

4.在製品期初存貨 (1/1/97)為在製品期末存貨 (12/31/97)之 80%。

試求: 請為該公司編製 1997年 12月 31日正式之製成品成本表。

(美國會計師考試試題)

解:

在製品

期初存貨 (1/1/97) $0.8x$	120,000	轉入製成品	970,000
直接原料	370,000		
直接人工	360,000		
製造費用	270,000		
期末存貨 (12/31/97) x	150,000		

製造費用 $= \$1,000,000 \times 27\% = \$270,000$

直接人工 $= \$270,000 \div 75\% = \$360,000$

直接原料 $= \$1,000,000 - \$360,000 - \$270,000 = \$370,000$

在製品期末存貨計算如下:

$$0.8x + \$1,000,000 - \$970,000 = x$$

$$0.2x = \$30,000$$

$$x = \$150,000$$

在製品期初存貨 $= \$150,000 \times 0.8 = \$120,000$

海 洋 公 司
製 成 品 成 本 表
1997 年度

在製品期初存貨 (1/1/97)		$ 120,000
加：製造成本：		
直接原料	$370,000	
直接人工	360,000	
製造費用	270,000	
製造成本總額		1,000,000
在製品成本總額		$1,120,000
減：在製品期末存貨 (12/31/97)		(150,000)
製成品成本		$ 970,000

3.3 長木公司 1997年 3月 31日之銷貨成本為$345,000；在製品期末存貨(3/31/97)為在製品期初存貨 (3/1/97)之 90%；製造費用為直接人工成本之 50%。其他有關該公司 3月份之存貨成本資料如下：

	期初存貨 (3/1/97)	期末存貨 (3/31/97)
直接原料	$ 20,000	$ 26,000
在製品	40,000	?
製成品	102,000	105,000

另悉 3月份直接原料進貨$110,000。

試求：

(a)請編製 1997年 3月份之製成品成本表。

(b)計算 3月份之主要成本。

(c)計算 3月份轉入在製品帳戶之加工成本。

(美國會計師考試試題)

解：

(a)

長　木　公　司

製　成　品　成　本　表

1997 年 3 月份

在製品期初存貨 (3/1/97)			$ 40,000
加：製造成本：			
直接原料期初存貨 (3/1/97)	$ 20,000		
本月份進貨	110,000		
直接原料總額	$130,000		
減：直接原料期末存貨 (3/31/97)	(26,000)		
直接原料耗用		$104,000	
直接人工		160,000	
製造費用		80,000	
製造成本總額			344,000
在製品成本總額			$384,000
減：在製品期末存貨 (3/31/97)			(36,000)
製成品成本			$348,000

在製品

期初存貨 (3/1/97)	40,000	轉入製成品	348,000
直接原料	104,000		
直接人工	x		
製造費用	$0.5x$		
期末存貨 (3/31/97)	36,000		

製成品

期初存貨 (3/1/97)	102,000	轉入銷貨成本	345,000
本期製成品 (F)*	348,000		
期末存貨 (3/31/97)	105,000		

$$*製成品成本\ (F) = \$105,000 + \$345,000 - \$102,000$$
$$= \$348,000$$

$$\$40,000 + \$104,000 + x + 0.5x - \$348,000^{*} = \$36,000$$

$$1.5x = \$240,000$$

$$x = \$160,000$$

∴直接人工 $= \$160,000$

製造費用 $= \$80,000$

在製品期末存貨 $= \$40,000 \times 90\% = \$36,000$

(b)主要成本 = 直接原料+ 直接人工

= $104,000 + $160,000

= $264,000

(c)加工成本 = 直接人工+ 製造費用

= $160,000 + $80,000

= $240,000

3.4 淡水公司為一小型機器工廠，聘用具有技術性工人，並採用分批成本會計制度，配合正常成本。 1997年度年終之前，有下列各項成本資料:

	1997年 12月 30日	
	借方合計數	貸方合計數
直接原料	$120,000	$ 84,000
在製品	384,000	366,000
製造費用	102,000	–
製成品	390,000	360,000
銷貨成本	360,000	–
已分攤製造費用	–	108,000

在各存貨帳戶之借方合計數，如該存貨帳戶有期初餘額時，將包括期初餘額在內。此外，上列帳戶數字，尚未包括下列二項數字：

1. 12月 31日當天之直接人工成本$6,000，間接人工成本$1,200。
2. 12月 31日當天發生之雜項製造費用共計$1,200。

補充資料：

1. 12月 30日，製造費用按直接人工成本之某一百分率，已予預計分攤。
2. 1997年度直接原料購入$102,000，無任何退貨情形發生。
3. 1997年度直接人工成本$180,000，此項數字未包括 12月 31日所發生之部份。

試求：

(a)請計算 1996年 12月 31日直接原料、在製品、及製成品之期初存貨價值；請以 T字形帳戶方式列示之。

(b)編製上述所有各帳戶之調整及結帳分錄；假定多或少分攤製造費用直接轉入銷貨成本帳戶。

(c)計算 1997年 12月 31日調整及結帳分錄後，直接原料、在製品、及製成品之期末存貨餘額。

解：

(a)

直接原料

期初存貨 (12/31/96) x	18,000	領　　用	84,000
進　　貨	102,000		
借方合計	120,000	貸方合計	84,000

銷貨成本

本期銷貨	360,000		
借方合計	360,000	12/31/97	7,200

在製品

期初存貨 (12/31/96) y	12,000	轉入製成品	366,000
直接原料	84,000		
直接人工	180,000		
製造費用	108,000		
借方合計	384,000	貸方合計	366,000
12/31/97 直接人工	6,000		
12/31/97 製造費用	3,600		

製成品

期初存貨 (12/31/96) z	24,000	本期銷貨	360,000
本期完工	366,000		
借方合計	390,000	貸方合計	360,000

製造費用

12月 30日以前	102,000		
借方合計	102,000	12/31/97	104,400
12/31/97	1,200		
12/31/97	1,200		
	104,400		104,400

已分攤製造費用

		預計分攤	108,000
12/31/97	111,600	貸方合計	108,000
		12/31/97	3,600
	111,600		111,600

直接原料期初存貨 (12/31/96) $= \$120,000 - \$102,000 = \$18,000(x)$

在製品期初存貨 (12/31/96) $= \$384,000 - \$84,000 - \$180,000 - \$108,000$

$= \$12,000(y)$

製成品期初存貨 (12/31/96) $= \$390,000 - \$366,000 = \$24,000$

(b)調整分錄:

(1) 12 月 31 日直接人工$6,000，間接人工$1,200:

在製品	6,000	
製造費用	1,200	
工廠薪工		7,200

(2)按直接人工成本為基礎，預計分攤製造費用:

在製品	3,600	
已分攤製造費用		3,600

$108,000 ÷ $180,000 = 60%

$6,000 × 60% = $3,600

(3) 12月 31日支付雜項製造費用$1,200:

製造費用	1,200	
現金		1,200

結帳分錄:

(1)比較實際與已分攤製造費用:

已分攤製造費用（預計）	111,600	
製造費用（實際）		104,400
多或少分攤製造費用		7,200

(2)將多或少分攤製造費用轉入銷貨成本帳戶:

多或少分攤製造費用	7,200	
銷貨成本		7,200

(c)直接原料期末存貨 (12/31/97) = \$120,000 − \$84,000 = \$36,000

在製品期末存貨 (12/31/97) = \$384,000 + \$6,000 + \$3,600 − \$366,000

= \$27,600

製成品期末存貨 (12/31/97) = \$390,000 − \$360,000 = \$30,000

3.5 藍星公司於 1997年 6月 30日，廠房及倉庫遭受水災，使在製品完全毀損，惟直接原料及製成品存貨，則安然無恙。水災後立即盤點存貨，並記錄如下：

直接原料	\$ 62,000
在製品	–0–
製成品	119,000

1997年 1月 1日各項存貨如下：

直接原料	\$ 30,000
在製品	100,000
製成品	140,000
合　計	\$270,000

根據該公司過去之會計資料顯示，銷貨毛利為銷貨收入之 25%。1997年上半年銷貨收入為\$340,000；直接原料進貨為\$115,000；直接人工\$80,000；製造費用為直接人工成本之 50%。

試求：請計算 1997年 6月 30日在製品之受災損失。

(美國會計師考試試題)

解:

吾人可用 T 字形帳戶之方式，計算水災損失如下：

直接原料

借方		貸方	
1/1/97期初存貨	30,000	(x)	83,000
本期進貨	115,000		
6/30/97期末存貨	62,000		

銷貨成本

借方		貸方	
(y)	255,000		

在製品

借方		貸方	
1/1/97期初存貨	100,000	完工產品 (z)	234,000
直接原料	83,000		
直接人工	80,000		
製造費用	40,000		
水災損失 (6/30/97)	69,000		

製成品

借方		貸方	
1/1/97期初存貨	140,000	出　　售	255,000
完工產品 (z)	234,000		
6/30/97期末存貨	119,000		

直接原料耗用 $(x) = \$30,000 + \$115,000 - \$62,000 = \$83,000$

銷貨成本 $(y) = \$340,000 \times (1 - 25\%) = \$255,000$

本期完工產品 $(z) = \$119,000 + \$255,000 - \$140,000 = \$234,000$

在製品水災損失 $= \$100,000 + \$83,000 + \$80,000 + \$40,000 - \$234,000$

$= \$69,000$

3.6 華泰公司 1997年 12月份有關成本資料如下:

存貨:	12/1/97	12/31/97
直接原料	$ 18,000	$ 9,000
在製品	3,000（單位）	2,000（單位）
製成品	$ 24,000	{$ 10,000（直接原料） 6,000（直接人工）

其他補充資料:

1.在製品期初及期末存貨之單位成本均相同，並且包括直接原料每單位$4.80及直接人工每單位$1.60。

2.12月份直接原料進貨$168,000；進貨運費$3,000。

3.當期製造成本$360,000； 12月份製造費用為直接人工成本之 200%；進貨運費當為直接原料成本。

試求:

(a)請計算下列各項成本:

(1) 1997年 12月份直接原料耗用。

(2) 1997年 12月 31日在製品存貨成本。

(3) 1997年 12月份製成品成本。

(4) 1997年 12月 31日製成品存貨。

(b)編製 1997年 12月份製造及銷貨成本表。

(美國會計師考試試題)

解:

(a)

直接原料

期初存貨 (12/1/97)	18,000	領　　用	180,000
12月份進貨	168,000		
進貨運費	3,000		
期末存貨	9,000		

銷貨成本

362,400	

在製品

期初存貨 (12/1/97):		轉入製成品	366,400
$6.40 × 3,000	19,200		
直接原料	180,000		
直接人工 $0.5x$	60,000		
製造費用 x	120,000		
期末存貨 (12/31/97):			
$6.40 × 2,000	12,800		

製成品

期初存貨 (12/1/97)	24,000	銷　　售	362,400
本期完工	366,400		
期末存貨 (12/31/97):			
直接原料	10,000		
直接人工	6,000		
製造費用	12,000		

(1)直接原料耗用 = $18,000 + $168,000 + $3,000 − $9,000

= $180,000

(2)在製品期初存貨 = ($4.80 + $1.60) × 3,000 = $19,200

(3)製成品成本= $19,200 + $180,000 + $60,000* + $120,000* − $12,800

= $366,400

*直接原料+ 直接人工 + 製造費用 = 製造成本

$\$180,000 + 0.5x + x = \$360,000$

$x = \$120,000$（製造費用）

$0.5x = \$60,000$（直接人工）

(4)製成品期末存貨:

直接原料	$10,000
直接人工	6,000
製造費用	12,000
合　　計	$28,000

(b)

華泰公司
製造及銷貨成本表
1997 年 12 月份

在製品期初存貨 (12/1/97)			$ 19,200
加: 直接原料:			
直接原料期初存貨 (12/1/97)	$ 18,000		
直接原料進貨	168,000		
進貨運費	3,000		
直接原料合計	$189,000		
減: 直接原料期末存貨 (12/31/97)	(9,000)		
直接原料耗用		$180,000	
直接人工		60,000	
製造費用		120,000	
製造成本			360,000
在製品成本總額			$379,200
減: 在製品期末存貨 (12/31/97)			(12,800)
製成品成本			$366,400
加: 製成品期初存貨 (12/1/97)			24,000
製成品成本總額			$390,400
減: 製成品期末存貨 (12/31/97)			(28,000)
銷貨成本			$362,400

3.7 大洋公司 1997年 8月份，有下列各項成本資料：

	8/1/97	8/31/97
存貨：		
直接原料	$ 21,000	$ 22,000
在製品	112,000	109,000
製成品	117,000	120,000

8月份發生下列各項成本：

直接原料進貨	$ 47,000
直接人工	52,000
製造費用	54,000
銷管費用	84,000
銷貨收入	400,000

試求：

(a)編製 1997年 8月份之製造及銷貨成本表。

(b)編製 1997年 8月份之損益表。

(c)假定 1997年 8月份，大洋公司製成產品 10,000單位，計算下列各項單位成本：

(1)直接原料。

(2)直接人工。

(3)製造費用。

(d)假定大洋公司 1997年 9月份，預計製成產品 12,000單位，計算下列各項總成本：

(1)直接原料。

(2)直接人工。

(3)製造費用 (假定 8月份固定及變動製造費用各為 50%)。

解:

(a) 1997年 8 月份之製造及銷貨成本表:

大 洋 公 司

製 造 及 銷 貨 成 本 表

1997 年 8 月 1 日至 8 月31 日 （附表一）

在製品期初存貨 (8/1/97)			$ 112,000
加: 製造成本:			
直接原料:			
直接原料期初存貨 (8/1/97)	$ 21,000		
本期進貨	68,000		
可耗用原料總額	$ 89,000		
減: 直接原料期末存貨 (8/31/97)	(22,000)		
直接原料耗用		$67,000	
直接人工		52,000	
製造費用		54,000	
製造成本總額			173,000
在製品成本總額			$ 285,000
減: 在製品期末存貨 (8/31/97)			(109,000)
製成品成本			$ 176,000
加: 製成品期初存貨 (8/1/97)			117,000
製成品總額			$ 293,000
減: 製成品期末存貨 (8/31/97)			(120,000)
銷貨成本			$ 173,000

(b) 1997年 8 月份損益表:

大　洋　公　司

損　益　表

1997 年 8 月 1 日至 8 月31 日

銷貨收入	$400,000
減：銷貨成本（附表一）	(173,000)
銷貨毛利	$227,000
減：銷管費用	(84,000)
營業淨利	$143,000

(c)計算單位成本:

	總成本	單位成本
直接原料	$67,000	$6.70
直接人工	52,000	5.20
製造費用:		
固定製造費用	27,000	2.70
變動製造費用	27,000	2.70

(d)預計 1997 年 9 月份製成品 12,000 單位之下列各項總成本:

	單位成本	總成本
直接原料	$6.70	$80,400
直接人工	5.20	62,400
變動製造費用	2.70	32,400
固定製造費用	2.25*	27,000

*產量增加，固定單位成本相對減少。

3.8　下列為三種獨立的情況:

	情況一	情況二	情況三
銷貨收入	$80,000	(g)	(m)
直接原料期初存貨	$ 6,000	(h)	$ 7,500
直接原料進貨	10,000	30,000	20,000
直接原料期末存貨	4,000	8,000	10,000
直接原料耗用	(a)	32,000	(n)
直接人工	8,000	(i)	(p)
製造費用	4,000	12,000	9,000
在製品期初存貨	(b)	20,000	15,000
在製品成本總額	40,000	88,000	(q)
在製品期末存貨	(c)	24,000	12,500
製成品成本	32,000	(j)	40,000
製成品期初存貨	(d)	18,000	13,500
製成品總額	48,000	(k)	53,500
製成品期末存貨	(e)	12,000	(r)
銷貨成本	36,000	70,000	37,500
銷貨毛利	44,000	50,000	12,500
銷管費用	(f)	(l)	4,000
營業淨利	20,000	30,000	(s)

試求：請將每一情況括號內文字的部份，分別計算之。

解：

(a)情況一：

直接原料期初存貨 + 進貨 − 直接原料期末存貨

= 直接原料耗用(a)

$6,000 + $10,000 − $4,000 = $12,000 (a)

製造成本 + 在製品期初存貨(b) = 在製品總額

($12,000 + $8,000 + $4,000) + (b) = $40,000

(b) = $16,000

在製品成本總額 − 在製品期末存貨(c) = 製成品成本

$40,000 － (c) ＝ $32,000

(c) ＝ $8,000

製成品成本 ＋ 製成品期初存貨(d) ＝ 製成品總額

$32,000 ＋ (d) ＝ $48,000

(d) ＝ $16,000

製成品總額 － 製成品期末存貨(e) ＝ 銷貨成本

$48,000 － (e) ＝ $36,000

(e) ＝ $12,000

銷貨毛利 － 銷管費用(f) ＝ 營業淨利

$44,000 － (f) ＝ $20,000

(f) ＝ $24,000

(b)情況二:

銷貨收入(g) － 銷貨成本＝ 銷貨毛利

(g) － $70,000 ＝ $50,000

(g) ＝ $120,000

直接原料期初存貨(h) ＋ 進貨 － 直接原料期末存貨

＝ 直接原料耗用

(h) ＋ $30,000 － $8,000 ＝ $32,000

(h) ＝ $10,000

直接原料耗用 ＋ 直接人工(i) ＋ 製造費用 ＋ 在製品期初存貨

＝ 在製品成本總額

$32,000 ＋ (i) ＋ $12,000 ＋ $20,000 ＝ $88,000

(i) ＝ $24,000

在製品成本總額 － 在製品期末存貨＝ 製成品成本(j)

$88,000 － $24,000 ＝ (j)

(j) ＝ $64,000

製成品成本 ＋ 製成品期初存貨 ＝ 製成品總額(k)

$64,000 ＋ $18,000 ＝ $82,000 (k)

銷貨毛利 － 銷管費用(l) ＝ 營業淨利

$50,000 － (l) ＝ $30,000

(l) ＝ $20,000

(c)情況三:

銷貨收入(m) － 銷貨成本＝ 銷貨毛利

(m) － $37,500 ＝ $12,500

(m) ＝ $50,000

直接原料期初存貨 ＋ 直接原料進貨 － 直接原料期末存貨

＝ 直接原料耗用(n)

$7,500 ＋ $20,000 － $10,000 ＝ (n)

(n) ＝ $17,500

直接原料耗用 ＋ 直接人工(p) ＋ 製造費用 ＝ 製造成本*

$17,500 ＋ (p) ＋ $9,000 ＝ $37,500

(p) ＝ $11,000

*在製品期初存貨 ＋ 製造成本 － 在製品期末存貨 ＝ 製成品成本

$15,000 ＋ 製造成本 － $12,500 ＝ $40,000

製造成本 ＝ $37,500

在製品期初存貨 ＋ 製造成本 ＝ 在製品成本總額(q)

$15,000 ＋ $37,500 ＝ (q)

(q) ＝ $52,500

製成品總額 － 製成品期末存貨(r) ＝ 銷貨成本

$53,500 － (r) ＝ $37,500

(r) ＝ $16,000

銷貨毛利 － 銷管費用 ＝ 營業淨利(s)

$12,500 － $4,000 ＝ $8,500 (s)

3.9　亞洲公司 1997年 12月 31日之會計資料如下:

	1/1/97	12/31/97
存貨:		
材料	$　37,000	$　46,400
在製品	104,800	89,200
製成品	124,600	111,800

其他補充資料:

材料進貨	$217,400
直接人工	174,800
間接材料	24,000
間接人工	29,000
廠房折舊	19,000
機器設備折舊	6,800
廠房稅捐	6,400
廠房保險費	3,600
銷管費用	180,000
銷貨收入	900,000

試求:

(a)分錄上列各有關交易事項 (假定進貨、銷貨、及發生製造及銷管費用, 均以現金收付)。

(b)編製 1997年度製造及銷貨成本表。

(c)編製 1997年度損益表。

解:

(a)有關交易事項的分錄:

(1)材料進貨$217,400:

材料	217,400	
現金		217,400

⑵領用直接原料$184,000 及間接材料$24,000:

在製品	184,000	
製造費用—間接材料	24,000	
材料		208,000

$37,000 + $217,400 − $46,400 − $24,000 = $184,000

⑶支付工廠薪工$203,800:

工廠薪工	203,800	
現金		203,800

⑷歸屬直接人工$174,800,分攤間接人工$29,000:

在製品	174,800	
製造費用—間接人工	29,000	
工廠薪工		203,800

⑸廠房折舊$19,000,機器設備折舊$6,800:

製造費用	25,800	
備抵折舊—廠房		19,000
備抵折舊—機器設備		6,800

⑹支付廠房稅捐$6,400,廠房保險費$3,600:

製造費用	10,000	
現金		10,000

⑺支付銷管費用$180,000:

銷管費用	180,000	
現金		180,000

⑻期末時製造費用轉入在製品:

	借	貸
在製品	88,800	
製造費用		88,800

$24,000 + $29,000 + $25,800 + $10,000 = $88,800

⑼在製品轉入製成品:

	借	貸
製成品	463,200	
在製品		463,200

$104,800 + $184,000 + $174,800 + $88,800 − $89,200 = $463,200

⑽銷貨收入$900,000:

	借	貸
現金	900,000	
銷貨收入		900,000
銷貨成本	476,000	
製成品		476,000

$124,600 + $463,200 − $111,800 = $476,000

⒝編製 1997 年度製造及銷貨成本表:

亞　洲　公　司

製　造　及　銷　貨　成　本　表

1997 年度　　　　　(附表一)

在製品期初存貨 (1/1/97)		$ 104,800
加: 製造成本:		
直接原料:		
材料期初存貨	$ 37,000	
材料進貨	217,400	
材料總額	$254,400	
減: 材料期末存貨	(46,400)	

材料耗用	$208,000		
減：間接材料耗用	(24,000)	$184,000	
直接人工		174,800	
製造費用：			
間接材料	$ 24,000		
間接人工	29,000		
折舊費用	25,800		
廠房稅捐及保險費	10,000	88,800	447,600
在製品成本總額			$ 552,400
減：在製品期末存貨 (12/31/97)			(89,200)
製成品成本			$ 463,200
加：製成品期初存貨 (1/1/97)			124,600
製成品總額			$ 587,800
減：製成品期末存貨 (12/31/97)			(111,800)
銷貨成本			$ 476,000

(c)編製 1997 年度損益表：

亞　洲　公　司

損　益　表

1997 年度

銷貨收入	$ 900,000
減：銷貨成本（附表一）	(476,000)
銷貨毛利	$ 424,000
減：銷管費用	(180,000)
營業淨利	$ 244,000

第四章　成本習性之探討

選擇題

下列資料係作為解答第 4.1 題至第4.3 題之根據:

A 公司兩個期間之產量及製造費用總額列示如下:

	產　量	製造費用總額
1997年 1月份	10,000單位	$300,000
1997年 2月份	7,500單位	275,000

另悉該公司兩個期間之成本結構，並無改變，亦無費用差異發生。

4.1　A 公司產品每單位變動製造費用應為若干?

(a)$7.50

(b)$9.50

(c)$10.00

(d)$12.00

解: (c)

	產　量	製造費用總額
1997 年1 月份	10,000單位	$300,000
1997 年2 月份	7,500單位	275,000
	2,500單位	$ 25,000

$$每單位變動製造費用 = \frac{\$25,000}{2,500} = \$10$$

4.2 A 公司兩個期間之固定製造費用應為若干?

(a)$100,000

(b)$150,000

(c)$175,000

(d)$200,000

解: (d)

製造費用總額		$ 300,000
減: 變動製造費用:	$10 × 10,000	(100,000)
固定製造費用		$ 200,000

4.3 A 公司 1997年 3月份, 預計產量為 9,000單位, 預計製造費用總額應為若干?

(a)$295,000

(b)$290,000

(c)$285,000

(d)$280,000

解: (b)

		產量 9,000 單位
固定製造費用		$200,000
變動製造費用:	$10 × 9,000	90,000
製造費用總額		$290,000

下列資料係作為解答第 4.4 題至第4.6 題之根據:

B公司租用一項機器設備於生產作業上，計算平均每小時之租金成本如下:

	機器使用時數	平均每小時租金成本
第一期	10,000	$30
第二期	15,000	25

4.4 B 公司租用機器之變動租金成本每小時應為若干?

(a)$30

(b)$25

(c)$20

(d)$15

解: (d)

設: $a =$ 固定租金成本

$b =$ 變動租金成本

$x =$ 機器使用時數

$y =$ 租金總成本

則: $a + bx = y$

$a + 10,000(b) = \$300,000$

$a + 15,000(b) = \$375,000$

$5,000(b) = \$75,000$

$b = \$15$ （每小時變動租金成本）

4.5 B 公司租用機器每期之固定租金成本應為若干?

(a)$150,000

(b)$175,000

(c)$225,000

(d)$250,000

解: (a)

$a + b(x) = y$

$a + \$15 \times 10,000 = \$300,000$

$a = \$150,000$ （每期固定租金成本）

4.6 B 公司預計第三期機器使用時數為 12,000小時，租金總成本應為若干?

(a)$300,000

(b)$330,000

(c)$340,000

(d)$350,000

解: (b)

$a + b(x) = y$

$\$150,000 + \$15 \times 12,000 = \$330,000$

下列資料作為解答第 4.7 題及第 4.8 題之根據:

C 公司每月份除支付固定薪資給推銷員外，並按銷貨額之特定百分比，給付佣金。 1997年 3月份及 4月份有關資料如下:

	銷貨收入	薪資及佣金合計
1997年 3月份	$500,000	$50,000
1997年 4月份	400,000	42,000

4.7 C 公司按銷貨額給付推銷員佣金之百分率應為若干?

(a) 10.5%

(b) 10%

(c) 9%

(d) 8%

解: (d)

	薪資及佣金合計	銷貨收入
3 月份	$50,000	$500,000
4 月份	42,000	400,000
差 異	$ 8,000	$100,000

佣金百分率 = $8,000 ÷ $100,000 = 8%

4.8 C 公司每月份支付推銷員固定薪資，應為若干？

(a)$5,000

(b)$8,000

(c)$9,000

(d)$10,000

解: (d)

$a + b(x) = y$

$a + \$500,000 \times 8\% = \$50,000$

$a = \$10,000$ （每月份推銷員固定薪資）

下列資料作為解答第 4.9 題及第 4.10 題之根據:

D 公司 1997年 1月份及 2月份各銷售產品 800 單位及 1,000 單位；銷貨收入及銷貨成本分別列示如下:

	1 月份	2 月份
銷貨收入	$120,000	$150,000
銷貨成本	73,000	85,000
銷貨毛利	$ 47,000	$ 65,000

另悉 D 公司之成本結構，並無變更。

4.9 D 公司每單位產品之變動成本應為若干？

(a)$60.00

(b)$75.00

(c)$85.00

(d)$91.25

解：(a)

	銷貨量	銷貨成本
2 月份	1,000	$85,000
1 月份	800	73,000
差 異	200	$12,000

每單位產品變動成本 $= \$12,000 \div 200 = \$60$

4.10 D 公司銷售產品之固定成本應為若干？

(a)$15,000

(b)$20,000

(c)$25,000

(d)$30,000

解：(c)

$a + bx = y$

$a + \$60 \times 800 = \$73,000$

$a = \$25,000$

下列資料作為解答第 4.11 題及第 4.12 題之根據:

E 公司 1997年度帳上列有下列各項資料:

固定成本:	
製造費用	全年度 \$260,000
銷管費用	全年度 300,000
變動成本:	
直接原料	每單位 \$500
直接人工	每單位 400
製造費用	每單位 200
銷管費用	每單位 160

另悉 E 公司當年度產銷 1,000單位, 無期初及期末存貨。

4.11 E 公司 1997年度每單位產品之變動製造成本應為若干?

(a)\$1,260

(b)\$1,100

(c)\$1,060

(d)\$760

解: (b)

變動製造成本 = 直接原料 + 直接人工 + 變動製造費用

= \$500 + \$400 + \$200

= \$1,100 (每單位)

4.12 E 公司 1997年度每單位產品之製成品成本應為若干?

(a)$1,020

(b)$1,320

(c)$1,360

(d)$1,520

解: (c)

E 公司 1997 年度因無期初及期末在製品存貨；因此，製造成本即為製成品成本。

製造成本 = 直接原料 + 直接人工 + 製造費用（固定 + 變動）

= $500 + $400 + $460 ($260* + $200)

= $1,360**

* $260,000 ÷ 1,000 = $260

**因無期初及期末在製品存貨，故亦為製成品成本。

計算題

4.1 冠華公司生產單一產品，在標準產能 10,000單位之下，每期單位製造成本為 $10；如產量僅為 8,000單位，每期單位製造成本則上升10%。銷售及管理費用可按下列公式計算之：

$$y = \$20,000 + \$2x$$

另悉每單位產品售價為$16；無任何期初及期末存貨。

試求：

(a)請計算每期固定製造成本。

(b)分別編製產量在 10,000單位及 8,000單位時之簡明損益表。

(c)分別編製產量在 10,000單位及 8,000單位時之邊際貢獻損益表。

解:

(a)

	(1) 8,000 單位	(2) 10,000 單位	(3) 2,000 單位
單位製造成本	$ 11	$ 10	
總製造成本	88,000	100,000	$12,000

單位變動製造成本 = $12,000 ÷ 2,000 = $6

$a + bx = y$

$a = y - bx$

= $88,000 − $6 × 8,000

= $40,000（固定製造成本）

(b)

冠　華　公　司

簡　明　損　益　表

某年度

	8,000 單位	10,000 單位
銷貨收入	$128,000	$ 160,000
減：銷貨成本*	(88,000)	(100,000)
銷貨毛利	$ 40,000	$ 60,000
減：銷管費用	(36,000)**	(40,000)
營業淨利	$ 4,000	$ 20,000

* 期初及期末均無在製品及製成品存貨，製造成本、製成品成本及銷貨成本三者均相同。

** 銷管費用= $20,000 + $2 × 8,000 = $36,000

(c)

冠 華 公 司
邊 際 貢 獻 損 益 表
某年度

	8,000 單位	10,000 單位
銷貨收入	$128,000	$160,000
減：變動成本：		
製造成本	$ 48,000	$ 60,000
銷管費用	16,000	20,000
變動成本合計	$(64,000)	$(80,000)
邊際貢獻	$ 64,000	$ 80,000
減：固定成本：		
製造成本	$ 40,000	$ 40,000
銷管費用	20,000	20,000
固定成本合計	$(60,000)	$(60,000)
營業淨利	$ 4,000	$ 20,000

4.2 華僑公司採用實際成本會計制度，1996 年度及 1997 年度簡明損益表列示如下：

	1996 年度	1997 年度
銷貨收入：每單位$40	$ 400,000	$ 320,000
銷貨成本	280,000	236,000
銷貨毛利	$ 120,000	$ 84,000
減：銷管費用	84,000	80,000
營業淨利	$ 36,000	$ 4,000

其他補充資料：

1.1997年度售價、成本結構（包括製造成本及營業費用）、及投入因素價格等，均維持不變；固定成本及費用，亦未因數量減少而降低。

2.銷貨佣金按銷貨額5%計算之外，其他銷管費用，均屬固定性質。

3.1997年的製造成本，均未超出預算限額，此項預算限額係根據1996年預算而來。

4.1997年度期初及期末存貨並無變更。

試求：請計算下列各項

(a)每單位產品的變動成本。

(b)每年固定製造成本。

(c)每單位產品之變動銷管費用。

(d) 1997年度固定銷管費用預算限額。

解:

(a)兩年度製造成本* 差異 ＝ \$280,000 － \$236,000 ＝ \$44,000

兩年度產量差異 ＝ 10,000 單位 － 8,000 單位＝ 2,000 單位

每單位變動製造成本 ＝ \$44,000 ÷ 2,000 ＝ \$22

*因期初及期末存貨，並無變更；因此，製造成本、製成品成本、及銷貨成本均相同。

(b)$a + bx = y$

$a + \$22 \times 10,000 = \$280,000$

$a = \$60,000$ （每年固定製造成本）

(c)\$400,000 × 5% ＝ \$20,000

\$20,000 ÷ 10,000 ＝ \$20.00

(d)\$84,000 － \$20,000 ＝ \$64,000 （ 1996 年度固定銷管費用）

因此， 1997 年度固定銷管費用預計數，仍然以 1996 年度的數字為準。

4.3　亞東公司 1997年新生產線有下列各項資料:

每單位產品售價	$ 30
每單位產品變動製造成本	16
每年固定製造費用	50,000
變動銷管費用按每單位銷貨量支付	6
每年固定銷管費用	30,000

另悉期初及期末無任何存貨; 1997年度產銷 12,500單位。

試求:

(a)編製功能式損益表。

(b)編製貢獻式損益表。

(美國會計師考試試題)

解:

(a)功能式損益表:

亞 東 公 司

損 益 表

1997 年度 (功能式)

銷貨收入	$ 375,000
減: 銷貨成本: $\$16 \times 12,500 + \$50,000$	(250,000)
銷貨毛利	$ 125,000
減: 營業費用:	
銷管費用: $\$6 \times 12,500 + \$30,000$	(105,000)
營業淨利	$ 20,000

(b)貢獻式損益表:

亞　東　公　司

損　益　表

1997 年度　　（貢獻式）

銷貨收入			$ 375,000
減：變動成本：			
製造成本：	$16 × 12,500	$200,000	
銷管費用：	$6 × 12,500	75,000	(275,000)
邊際貢獻			$ 100,000
減：固定成本：			
製造費用		$ 50,000	
銷管費用		30,000	(80,000)
營業淨利			$ 20,000

4.4 美東製造公司計劃生產新產品，每單位售價$12；預計生產 100,000 單位之生產成本如下：

直接原料	$100,000
直接人工 (每小時$8)	80,000

新產品之製造費用尚未預計，惟根據過去二年期間之記錄分析，獲得下列資料，可作為預計新產品製造費用之依據：

每期固定製造費用　$80,000

變動製造費用：按直接人工每小時$4.20計算。

試求：

(a)假定直接人工時數為 20,000小時，請計算在此一營運水準下之製造費用總額。

(b)假定某期間產銷新產品 100,000單位，請計算其邊際貢獻總額及每單位產品之邊際貢獻。

解:

(a)

	直接人工20,000 小時（產品: 200,000 單位）
製造費用總額:	
變動製造費用: $4.20 × 20,000	$ 84,000
固定製造費用	80,000
合 計	$164,000

(b)

	銷貨量: 100,000 單位（直接人工時數: 10,000 小時）
銷貨收入: $12 × 100,000	$1,200,000
減: 變動成本:	
直接原料: $1 × 100,000	$100,000
直接人工: $8 × 10,000	80,000
製造費用: $4.20 × 10,000	42,000
變動成本合計	$222,000
邊際貢獻 (總額)	$978,000
除: 產量	100,000
每單位邊際貢獻	$9.78

4.5 南方公司生產香檳玻璃杯產品，每年正常營運量（產銷量）為500,000至 1,000,000 單位。下列為正常營運水準下，未完成部份產銷成本總額及單位成本報告表:

	產銷數量		
	500,000	800,000	1,000,000
變動成本總額	$240,000	?	?
固定成本總額	420,000	?	?
總成本	$660,000	?	?
單位成本:			
變動成本	?	?	?
固定成本	?	?	?
每單位成本合計	?	?	?

試求:

(a)請為南方公司完成上述之產銷成本總額及單位成本報告表。

(b)假定南方公司 1997年度產銷 800,000單位，每單位售價$1.25，請為該公司編製當年度貢獻式損益表。

解:

(a)

	產銷數量		
	500,000	800,000	1,000,000
變動成本總額	$240,000	$384,000	$ 480,000
固定成本總額	420,000	420,000	420,000
總成本	$660,000	$804,000	$ 900,000
單位成本:			
變動成本	$0.480	$0.480	$0.480
固定成本	0.840	0.525	0.420
每單位成本合計	$1.320	$1.005	$0.900

(b)

南　方　公　司

損　益　表

1997 年度　　　　（貢獻式）

銷貨收入:　800,000 單位@$1.25	$1,000,000
減: 變動成本:　800,000 單位@$0.48	(384,000)
邊際貢獻	$ 616,000
減: 固定成本	(420,000)
營業淨利	$ 196,000

4.6 下列有八個成本習性之圖形，每一圖形之縱軸代表成本，橫軸代表營運水準；請將八種情況配對適當的圖形。

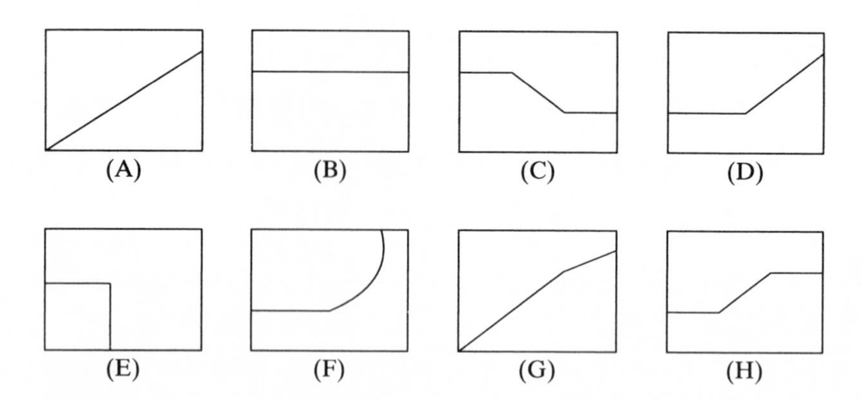

1.購買直接原料，最先買進之 100單位，每單位成本遞減 5元，降低至 550元時，每單位購價維持不變。

2.支付水費，按下列情形計算：

基本數為 75,000加侖（少於此數亦照付）	固定支付$5,000
75,000–90,000加侖	每加侖支付$0.20
90,001–105,000加侖	每加侖支付$0.50

以上類推（每增加 15,000加侖，遞增$0.30）

3.市政府有條件提供廠房，如僱用工人 125人以上者，免付租金；否則必須繳付某一固定租金。

4.領用直接原料成本。

5.支付電費： 1,500瓩以下，固定支付$3,000；超過此數者，另支付某一變動費率。

6.機器設備之折舊費用，按直線法計算。

7.縣政府有條件贈用廠房，每月租金$100,000；如僱用工人超過 100人以上者，每增加一人，租金即減少$1,000；惟每月租金不少於$20,000。

8.租用機器一部，每月使用 500小時以下者，支付固定租金$5,000；超過此數者，每小時增加租金$5；惟每月租金最高不得超過$12,500。

（美國會計師考試試題）

解:

1.(G)

購買原料數量	原料成本
1	$1,050
2	1,045
⋮	⋮
100	550
101	550
⋮	⋮

2.(F)在 75,000 加侖以下，支付固定水費$5,000；超過者，每增加 15,000 加侖，水費按遞增率遞增。

3.(E)

僱工人數	租　金
0–125	固定租金
125以上	0

4.(A)領用直接原料成本，可按產量多寡計算其成本，成為比例變動成本。

5.(D)$3,000 ÷ 1,500 = $2（每瓩）；超過 1,500 瓩者，假定每瓩多付$1。

使用瓩數	電　費
0–1,500	$3,000
1,501	3,003
1,502	3,006
⋮	⋮

6.(B)設機器設備成本為$50,000，可使用 10 年，按直線法計算折舊:

$\$50,000 \div 10 = \$5,000$（每年折舊費用）

7.(C)

僱工人數	租　　金
0–100	$100,000
101	99,000
102	98,000
⋮	⋮
⋮	20,000
⋮	20,000

8.(H)

機器使用時數	租　　金
500 以下	$ 5,000
501	5,005
502	5,010
⋮	⋮
⋮	12,500
⋮	12,500

第五章　材料成本（上）

選擇題

5.1 R 公司 1997年 5月份，購入材料 1,000單位，每單位成本$10；收儲費用按發票價格之 12%，計入材料成本內；已知 5月份領用該項材料 800單位，生產 400 單位，全部完工，有 300單位完工產品出售。

R 公司 1997年 5月份的收儲費用，有若干包含於製成品存貨之內？

(a)$960

(b)$720

(c)$600

(d)$240

解：(d)

材料存貨	製成品	銷貨成本
$\$1,200 \times 20\% = \$240$	$\$1,200 \times 80\% = \$\ 960$ (720) $ 240	$\$960 \times \frac{300}{400} = \$720$

$\$10 \times 1,000 = \$10,000$

$\$10,000 \times 12\% = \$1,200$ （全部收儲費用）

$$\$960 \times \frac{300}{400} = \$720$$

$$\$960 - \$720 = \$240$$

下列資料用於解答第 5.2 題及第 5.3 題之根據：

P 公司於 19A 年 1月 25日發生火災；已知 1月 1日材料期初存貨 1,000單位，每單位若干元。另悉該公司無期初在製品及製成品存貨；惟截至火災發生日，已按成本加價 50%出售 320件 (80%)之製成品，銷貨收入 $96,000。該公司每一製成品需耗用原料 2單位，領用原料成本為製成品成本之 40%。 1月份沒有任何進料；火災發生時，所有材料及製成品均付之一炬，惟並無任何在製品存貨。

5.2 P 公司材料及製成品的火災損失，各為若干？

	火災損失	
	材　料	製成品
(a)	$16,000	$8,000
(b)	$16,000	$10,000
(c)	$8,000	$12,000
(d)	$8,000	$16,000

解：(d)

材　　料

1,000 單位	40,000	800 單位	32,000
		200 單位 (火災損失)	8,000

製成品

	80,000	出　　售	64,000
		火災損失	16,000

在製品

原料成本	32,000	製成品	80,000
加工成本	48,000		

銷貨成本

64,000	

(1)設出售 80% 製成品成本為 x，則:

$$x(150\%) = \$96,000$$

$$x = \$64,000$$

製成品火災損失 $= \$64,000 \div 80\% \times 20\% = \$16,000$

(2)設領用原料成本為 y，則:

$$y = 40\% \times \$80,000$$

$$= \$32,000$$ （ 400單位 ×2 = 800 單位）

領用原料之單位成本 $= \$32,000 \div 800 = \$40$

材料火災損失 $= \$40 \times (1,000 - 800) = \$8,000$

5.3 P 公司加工成本之火災損失，應為若干?

(a)$6,400

(b)$8,000

(c)$9,600

(d)$12,800

解: (c)

加工成本之火災損失 $= \$80,000 \times 20\% \times 60\% = \$9,600$

5.4 S 公司 1997年 3月 1日之材料存貨有若干單位，每單位若干元;

3月份領用材料 3,000單位，每單位均為$8；已知該公司 3月份無任何材料進貨；另悉該公司採用先進先出法， 3月 31日之期末存貨數量，為期初存貨之 40%。

S 公司 1997年 3月 31日之期末存貨成本，應為若干？

(a)$16,000

(b)$15,000

(c)$14,000

(d)$12,000

解：(a)

(1)期末存貨數量：

設 3 月 1 日之期初存貨數量為 x，則：

$$x - 3,000 = 40\%x$$

$$60\%x = 3,000$$

$$x = 5,000 \text{（單位）}$$

(2)期末存貨成本：已知 S公司 3 月份無任何材料進貨，又悉該公司採用先進先出法計算領料成本；因此，期初存貨 5,000 單位之單位成本為$8；期末存貨成本，可計算如下：

$$5,000 \times 40\% = 2,000 \text{ 單位}$$

$$\$8 \times 2,000 = \$16,000$$

下列資料用於解答第 5.5 題至第 5.7 題的根據。

T 公司 1997年 1月 1日，材料存貨 100單位，每單位成本$10； 1月15日，另購入材料若干單位，每單位成本若干元； 1月 20日，領用材料150單位；期末材料存貨 50單位。已知 1月份此項材料收發，除上述之外，別無其他進出。

T 公司對於領料成本的計價，目前採用後進先出法；如改用先進先出法時，期末存貨成本，將比原來的方法，多出 20%。

5.5　T 公司 1月 15日材料進貨數量及每單位成本，各為若干？

	進貨數量	每單位成本
(a)	100	$10
(b)	100	12
(c)	150	10
(d)	50	12

解：(b)

	後進先出法	先進先出法
1 月 1 日	100單位@$10 = $1,000	100單位@$10 = $1,000
1 月 15 日	x單位@y 元	x單位@y 元
1 月 20 日	(150 單位)	(150 單位)
1 月 31 日	50 單位@$10 = $500	50 單位@y 元

(1)材料進貨數量 (x)：

$$100 + x - 150 = 50$$

$$x = 100 \text{（單位）}$$

(2)每單位成本 (y)：

$$\$500(120\%) = 50y$$

$$\$600 = 50y$$

$$y = \$12$$

5.6　T 公司 1月 20日領用原料 150單位的領料成本，在下列二種方法之下，各為若干？

	後進先出法	先進先出法
(a)	$1,600	$1,700
(b)	$1,600	$1,500
(c)	$1,700	$1,600
(d)	$1,700	$1,500

解：(c)

領料成本

	後進先出法		先進先出法	
1月 20 日	100單位@$12=	$1,200	100單位@$10=	$1,000
	50單位@$10=	500	50單位@$12=	600
	150單位	$1,700	150單位	$1,600

5.7 T 公司如採用移動加權平均法，以計算領用材料成本時，期末存貨成本應為若干？

(a)$500

(b)$550

(c)$600

(d)$650

解：(b)

平均法（移動加權）

日期	收　　入	發　　出	結　　存
1–1			100× $10 = $1,000
1–15	100 × $12 = $1,200		200× $11 = $2,200
1–20		150 × $11 = $1,650	50× $11 = $ 550

5.8 材料成本不包括下列那一（或那些）項目？

Ⅰ.材料購價

Ⅱ.材料收儲費用

Ⅲ.進貨折扣

(a) Ⅰ

(b) Ⅰ，Ⅱ

(c) Ⅰ，Ⅱ，Ⅲ

(d) Ⅲ

解：(d)

材料成本應包括自請購至使用時的一切成本在內，其中包括材料購價（即發票價格）、及材料收儲費用（即訂購成本及儲存成本）等；惟進貨折扣不予包括在內。

5.9　甲材料明細分類帳列示如下：

1997年 1月 1日期初餘額：	2,000單位@$2.00	$ 4,000
1997年 1月份進料：	8,000單位@$2.20	17,600
1997年 1月份領料：	9,000單位	

請計算在下列兩種方法之領料成本，應為若干？

	先進先出法	後進先出法
(a)	$19,200	$19,800
(b)	$19,400	$19,600
(c)	$19,600	$19,400
(d)	$19,800	$19,200

解：(b)

先進先出法			後進先出法		
2,000單位	@$2.00=	$ 4,000	8,000單位	@$2.20=	$17,600
7,000單位	@$2.20=	15,400	1,000單位	@$2.00=	2,000
9,000單位		$19,400	9,000單位		$19,600

5.10 Y 公司材料明細分類帳列示如下:

期初存貨: 1,000單位@$10
本期進貨: 800單位@$12
領用原料: 1,100單位
其他成本資料: 直接人工 $20,000
分攤製造費用 15,000
完工產品 1,000單位, 出售 800單位, 製成品存貨 200 單位。

請按下列不同方法計算當期之銷貨成本, 應為若干?

	先進先出法	後進先出法
(a)	$37,080	$38,040
(b)	$37,020	$38,060
(c)	$36,960	$38,080
(d)	$36,900	$38,100

解: (c)

	先進先出法		後進先出法	
直接原料:	1,000單位@$10	=$10,000	800單位@$12	=$ 9,600
	100單位@$12	= 1,200	300單位@$10	= 3,000
	1,100單位	$11,200	1,100單位	$12,600
直接人工:		20,000		20,000
分攤製造費用:		15,000		15,000
製成品成本:	1,000單位@$46.20=	$46,200	1,000單位@$47.60=	$47,600
銷貨成本:	800單位@$46.20=	$36,960	800單位@$47.60=	$38,080

計算題

5.1 裕智製造公司 19A 年 1 月份倉儲部收儲費用$75,000, 收料部收儲費用$50,000; 又 1 月間計購入原料$300,000。有關 1 月份成本資料如下：

在製品存貨 (完工 $\frac{1}{3}$)(材料耗用按施工比例)	30,000單位
製成品存貨	15,000單位
材料存貨	$30,000
製成品銷貨量	25,000單位

該公司對於收儲費用，一向都當作製造費用處理。茲因人事上之變動，新任會計主任主張應將收儲費用計入材料成本，並按各種存貨的完工程度計算各項成本。

試求：

(a)就上列資料，請按新任會計主任的意見，計算收儲費用對下列各項成本的影響：

(1)製造費用　(2)材料成本　(3)在製品存貨　(4)製成品存貨　(5)銷貨成本。

(b)您認為新任會計主任的意見合理嗎？

解：

(a)

收儲費用：$75,000+$50,000	$125,000
購入原料	300,000
每元原料應分攤收儲費用	$ 0.4166
本月份原料耗用數量：	
在製品：$30,000 \times \frac{1}{3}$	10,000
製成品存貨	15,000
製成品銷貨	25,000
合　　計	50,000
本月份原料耗用金額：$300,000−$30,000	$270,000
每製造單位耗用原料：$270,000÷50,000	5.40
故每製造單位應分攤收儲費用：$5.40×0.4166	2.25

原料存貨應分攤收儲費用：$30,000×0.4166	$ 12,500
在製品存貨應分攤收儲費用：$2.25×10,000	22,500
製成品存貨應分攤收儲費用：$2.25×15,000	33,750
銷貨成本應分攤收儲費用：$2.25×25,000	56,250
合　計	$125,000

收儲費用未分攤於原料前的分佈情形：

每單位產品所分擔的費用：$$\frac{\$125,000}{30,000\times\frac{1}{3}+15,000+25,000}=\$2.50$$

在製品存貨分擔：$2.50×10,000	$25,000
製成品存貨分擔：$2.50×15,000	37,500
銷貨成本分擔：$2.50×25,000	62,500
合　計	$125,000

	未攤前負擔	已攤後負擔	分攤後虛增（減）
材料存貨	$ 0	$ 12,500	$12,500
在製品存貨	25,000	22,500	(2,500)
製成品存貨	37,500	33,750	(3,750)
銷貨成本	62,500	56,250	(6,250)
合　計	$125,000	$125,000	$ 0

(1)製造費用虛減：$125,000

(2)原料成本虛增：$112,500($125,000 − $12,500)

原料存貨虛增：$12,500

(3)在製品存貨虛減：$2,500

(4)製成品存貨虛減：$3,750

(5)銷貨成本虛減：$6,250

(b)就理論上言之，新任會計主任的意見比較合理；惟實際處理上，實有困難。故應權衡輕重，以定取捨。一般而論，收儲費用，如加入於材料價格中，計算既繁，準確尤難，為節省人力物力，自以不計入料價為宜。

5.2 裕國製造公司對於材料之收儲費用，素以當為製造費用處理，而製造費用又按直接人工成本為基礎，攤入各批成本單。該公司新成本會計員不表贊同，並指出各種材料的收儲費用相差很大，經詳細審查後發現三大類材料之收儲費用相互關係如下：

甲類材料 — 每單位材料成本$5，材料收儲費用最少。
乙類材料 — 每單位材料成本$3，材料收儲費用為甲類之 2倍。
丙類材料 — 每單位材料成本$1，材料收儲費用為甲類之 3.5倍。

新成本會計員建議改變處理收儲費用的方法，該公司會計主任並不反對，但認為收儲費用應從製造費用減去，並以材料總成本為基礎，求其單一分攤率，分攤於各成本單，剩餘之製造費用，則仍按直接人工成本基礎分攤。新成本會計員不贊同會計主任的意見，認為應按材料別計算分攤率，即首先將收儲費用按處理三類材料的難易程度求其應攤數，然後以各類材料之應分攤數被各種材料總成本除，求得各類材料之個別分攤率。其他有關資料如下：

1.本期製造成本：

材料領用：		
甲類 — 100,000單位@$5	$500,000	
乙類 — 100,000單位@$3	300,000	
丙類 — 200,000單位@$1	200,000	$1,000,000
直接人工		500,000
製造費用：		
收儲費用	$150,000	
其　他	725,000	875,000
		$2,375,000

2.本期完工之成本單#201及#202，其材料及人工成本如下:

		成本單#201	成本單#202
材料:	甲類	$100,000	$400,000
	乙類	100,000	200,000
	丙類	100,000	100,000
直接人工		300,000	200,000

試求:

(a)計算下列分攤率：

(1)按直接人工成本為基礎之製造費用分攤率，包括收儲費用。

(2)按直接人工成本為基礎之製造費用分攤率，不包括收儲費用。

(3)依會計主任的意見，以材料總成本為基礎之收儲費用單一分攤率。

(4)依新成本會計員的意見按各類材料處理之難易，並以各類材料成本為基礎之收儲費用個別分攤率。

(b)按下列各項假定編製#201及#202比較性成本單：

(1)沿用該公司過去的方法，將收儲費用加入製造費用，並按直接人工成本法分攤。

(2)會計主任所主張的方法。

(3)新成本會計員所建議的方法。

(c)假設不考慮處理帳務之人工成本問題，你認為那種方法最合理？說明其理由及反對其他方法之原因。

解:

(a)(1)製造費用（包括收儲費用）為直接人工成本之比率:

$875,000÷$500,000=175%

(2)製造費用（不包括收儲費用）為直接人工成本之比率:

$725,000÷$500,000=145%

(3)會計主任主張以材料總成本為基礎之收儲費用單一分攤率：

$150,000÷$1,000,000=15%

(4)

	收儲難易之加權數			分攤收儲費用	
	數　量	權　數	數量×權數	百分比	金　額
甲類	100,000	1.0	100,000	10%	$ 15,000
乙類	100,000	2.0	200,000	20%	30,000
丙類	200,000	3.5	700,000	70%	105,000
合計			1,000,000	100%	$150,000

分攤率之計算：

甲類：$15,000 ÷ $500,000 = 3%

乙類：$30,000 ÷ $300,000 = 10%

丙類：$105,000 ÷ $200,000 = 52.5%

(b)(1)

	成本單#201	成本單#202
直接原料	$ 300,000	$ 700,000
直接人工	300,000	200,000
製造費用：直接人工之 175%	525,000	350,000
	$1,125,000	$1,250,000

(2)

	成本單#201	成本單#202
直接原料：包括甲、乙、丙三類材料	$ 300,000	$ 700,000
直接人工	300,000	200,000
製造費用：		
收儲費用：為原料成本之 15%	45,000	105,000
其他：為直接人工之 145%	435,000	290,000
	$1,080,000	$1,295,000

(3)

	成本單#201	成本單#202
直接原料	$ 300,000	$ 700,000
直接人工	300,000	200,000
製造費用:		
收儲費用:		
甲類原料 3%	3,000	12,000
乙類原料 10%	10,000	20,000
丙類原料 52.5%	52,500	52,500
其他:為直接人工成本之 145%	435,000	290,000
	$1,100,500	$1,274,500

(c)新成本會計員所建議的方法,較為合理。其理由如下:

該公司現行方法,將收儲費用按直接人工成本之比例予以分攤,似欠合理。蓋處理材料之收儲費用,與直接人工成本並無關係。

至於會計主任的意見,只考慮收儲費用與材料使用間之關係,而忽略處理材料的難易程度對收儲費用之影響;如按此種處理方法,將嚴重歪曲材料的成本。例如某一訂單只耗用丙類材料(購價便宜,收儲較難),如令其負擔較低的收儲費用,顯然不公平。反之,某一訂單僅耗用甲類材料(購價較高,收儲容易),如令其負擔較多的收儲費用,顯然亦不公平。

成本會計員的建議,不但考慮材料的使用量,而且兼顧材料收儲的難易程度,在此種處理方法下,某一訂單如使用較難處理的收儲材料,則應當負擔較多的收儲費用。

5.3 裕德公司19B 年有關成本資料如下:

期初存貨（零售價）	$37,500
進貨（成本）	52,500
銷貨（零售價）	75,000
期末存貨（零售價）	50,000
銷貨費用	16,000
管理費用	6,000

試作：19B 年度之損益表。

解：

∵　期初存貨零售價 + 進貨零售價 − 銷貨零售價 = 期末存貨零售價

又設進貨零售價為 x

∴　$\$37,500 + x - \$75,000 = \$50,000$

$x = \$87,500$

$$成本率 = \frac{進貨成本}{進貨零售價} = \frac{\$52,500}{\$87,500} = 60\%$$

故各項成本如下：

期初存貨成本：$37,500 × 60% = $22,500

期末存貨成本：$50,000 × 60% = $30,000

裕　德　公　司

損　益　表

19B 年度

銷貨收入		$ 75,000
減：銷貨成本：		
期初存貨	$22,500	
加：進貨	52,500	
	$75,000	
減：期末存貨	30,000	(45,000)
銷貨毛利		$ 30,000
減：銷售費用	$16,000	
管理費用	6,000	(22,000)
營業淨利		$ 8,000

5.4 裕文公司對於進貨折扣，均當為其他收入處理，並於購入材料時按發票價格之 10%，加計材料收儲費用，運費也一併加入於材料成本之內。裕武公司對於進貨折扣，則從發票價格中扣除，至於材料收儲費用及運費等，均當作製造費用處理。

兩公司對於下列交易事項，除進貨折扣、材料收儲費用及運費等，有不同的處理方法之外，其他均相同。

1.購入材料$10,000；付款條件 2/10， N/30；運費$800。

2.購入材料之 80%已領用，其分配百分比如下：

訂單#101	15%
訂單#102	35%
訂單#103	50%

3.直接人工耗用$7,000，其分配如下：

訂單#101	$3,000
訂單#102	2,450
訂單#103	1,550

4.每一公司之製造費用均按直接原料成本為基礎予以分攤。裕文公司計分攤製造費用$8,400。至於裕武公司亦分攤相同的數額,惟尚未包括運費及收儲費用在內。

5.所有訂單均已製造完成。

6.所有已完成的產品，均已運交顧客，交貨價格按成本加價 30%。

7.銷管費用計$2,000，按各訂單的成本基礎加以分攤。

試求：

(a)分別就兩公司不同的處理方法，記錄有關交易事項。

(b)計算兩公司每一訂單之製銷總成本。

假設兩公司均採用單一在製品帳戶。計算以元為單位，元以外四捨五入。

解:

交易事項	裕文公司		裕武公司		裕文公司			裕武公司		
	借	貸	借	貸	成本單 #101	成本單 #102	成本單 #103	成本單 #101	成本單 #102	成本單 #103
(1)材料	11,800		9,800							
製造費用			1,800							
應付帳款（材料）		10,000		9,800						
應付帳款（運費）		800		800						
已分攤收儲費用		1,000		1,000						
(2)在製品	9,440		7,840		1,416	3,304	4,720	1,176	2,744	3,920
材料		9,440		7,840						
(3)在製品	7,000		7,000		3,000	2,450	1,550	3,000	2,450	1,550
工廠薪工		7,000		7,000						
(4)在製品	8,400		9,840*		1,260**	2,940	4,200	1,476***	3,444	4,920
已分攤製造費用		8,400		9,840						
(5)製成品	24,840		24,680		5,676	8,694	10,470	5,652	8,638	10,390
在製品		24,840		24,680						
(6)應收帳款	32,292		32,084							
銷貨		32,292		32,084						
銷貨成本	24,840		24,680							
製成品		24,840		24,680						
(7)銷管費用	2,000		2,000							
雜項		2,000		2,000	457(a)	700	843	458 (b)	700	842
製銷總成本					6,133	9,394	11,313	6,110	9,338	11,232

* $8,400 + 1,800 \times 80\% = 9,840$　(a) $2,000 \div 24,840 = 8.05\%$，$5,676 \times 8.05\% = 457$　餘類推

** $8,400 \times 15\% = 1,260$　餘類推　(b) $2,000 \div 24,680 = 8.1\%$，$5,652 \times 8.1\% = 458$　餘類推

*** $9,840 \times 15\% = 1,476$　餘類推

5.5 裕仁公司對於材料成本的處理，採用「發票價格減進貨折扣，加購料部費用、購料運費及收料部各項收儲費用」為計算材料成本的基礎。於購入材料時，即按預計收儲費用分攤率，逕予攤入材料成本；至於進貨折扣，則直接由發票價格扣除。

19A 年該公司按下列資料預計各項收儲費用分攤率：

購　　料	$2,400,000
購料部費用	42,000
購料運費	80,000
收料部費用	22,000

19A 年元月份，各項購料實際費用如下：

購　　料	$225,000
購料部費用	3,600
購料運費	7,200
收料部費用	1,900

試求：

(a)計算各項收儲費用之預計分攤率。

(b)記錄購入材料時之分錄。

(c)計算各項預計與實際收儲費用之差異。

解：

(a)購料部費用預計分攤率：

$$\$42,000 \div \$2,400,000 = 1.750000\%$$

購料運費預計分攤率：

$$\$80,000 \div \$2,400,000 = 3.333333\%$$

收料部費用預計分攤率：

$$\$22,000 \div \$2,400,000 = 0.916667\%$$

合　　計 $= 6.000000\%$

(b)材料　238,500

	借	貸
(b)材料	238,500	
應付帳款		225,000.00
已分攤購料部收儲費用		3,937.50
已分攤購料運費		7,500.00
已分攤收料部收儲費用		2,062.50

$\$225,000 \times 1.75\% = \$3,937.50;$　$\$225,000 \times 3.333333\% = \$7,500.00$

$\$225,000 \times 0.916667\% = \$2,062.50;$　合　計 $= \$13,500.00$

(c)各項收儲費用差異:

	已分攤收儲費用	實際收儲費用	多（少）分攤收儲費用
購料部費用	$ 3,937.50	$ 3,600	$337.50
購料運費	7,500.00	7,200	300.00
收料部費用	2,062.50	1,900	162.50
合　計	$13,500.00	$12,700	$800.00

5.6　裕明公司19A 年 10月份有關材料之收發資料如下:

10月	1日存料	2,500件	@$10.00
	4日發出	1,000件	
	6日購入	1,200件	@$12.00
	8日發出	700件	
	14日購入	400件	@$14.00
	17日發出	600件	
	20日購入	500件	@$13.50
	25日發出	900件	
	27日購入	1,000件	@$12.00

試求:

(a)按下列各種方法列示材料明細分類帳上之數字:

(1)先進先出法　(2)後進先出法　(3)移動加權平均法。

(b)設 10月 31日材料每單位市價為$11，並假定該公司對於存貨之評價，採用成本與市價孰低法，則月底之存料應為若干？

解:

(a)(1)先進先出法

材料明細分類帳

收入					發出					結存		
日期		數量	單價	金額	日期		數量	單價	金額	數量	金額	單價
10	1	上期結存								2,500	$25,000.00	$10.00
					10	4	1,000	$10.00	$10,000.00	1,500	15,000.00	10.00
	6	1,200	$12.00	$14,400.00						1,500 1,200	15,000.00 14,400.00	10.00 12.00
						8	700	10.00	7,000.00	800 1,200	8,000.00 14,400.00	10.00 12.00
	14	400	14.00	5,600.00						800 1,200 400	8,000.00 14,400.00 5,600.00	10.00 12.00 14.00
						17	600	10.00	6,000.00	200 1,200 400	2,000.00 14,400.00 5,600.00	10.00 12.00 14.00
	20	500	13.50	6,750.00						200 1,200 400 500	2,000.00 14,400.00 5,600.00 6,750.00	10.00 12.00 14.00 13.50
						25	200 700	10.00 12.00	2,000.00 8,400.00	500 400 500	6,000.00 5,600.00 6,750.00	12.00 14.00 13.50
	27	1,000	12.00	12,000.00						500 400 500 1,000	6,000.00 5,600.00 6,750.00 12,000.00	12.00 14.00 13.50 12.00

⑵後進先出法

材料明細分類帳

日期		收入			發出					結存		
月	日	數量	單價	金額	月	日	數量	單價	金額	數量	單價	金額
10	1	上期結存								2,500	$10.00	$25,000.00
					10	4	1,000	$10.00	$10,000.00	1,500	10.00	15,000.00
	6	1,200	$12.00	$14,400.00						1,500	10.00	15,000.00
										1,200	12.00	14,400.00
						8	700	12.00	8,400.00	1,500	10.00	15,000.00
										500	12.00	6,000.00
	14	400	14.00	5,600.00						1,500	10.00	15,000.00
										500	12.00	6,000.00
										400	14.00	5,600.00
						17	400	14.00	5,600.00	1,500	10.00	15,000.00
							200	12.00	2,400.00	300	12.00	3,600.00
	20	500	13.50	6,750.00						1,500	10.00	15,000.00
										300	12.00	3,600.00
										500	13.50	6,750.00
						25	500	13.50	6,750.00			
							300	12.00	3,600.00			
							100	10.00	1,000.00	1,400	10.00	14,000.00
	27	1,000	12.00	12,000.00						1,400	10.00	14,000.00
										1,000	12.00	12,000.00

(3)移動加權平均法

材料明細分類帳

收入					發出					結存		
日期		數量	單價	金額	日期		數量	單價	金額	數量	金額	單價
10	1	上期結存								2,500	$25,000.00	$10.00
					10	4	1,000	$10.00	$10,000.00	1,500	15,000.00	10.00
	6	1,200	$12.00	$14,400.00						2,700	29,400.00	10.89
						8	700	10.89	7,623.00	2,000	21,777.00	10.89
	14	400	14.00	5,600.00						2,400	27,377.00	11.41
						17	600	11.41	6,846.00	1,800	20,531.00	11.41
	20	500	13.50	6,750.00						2,300	27,281.00	11.86
						25	900	11.86	10,674.00	1,400	16,607.00	11.86
	27	1,000	12.00	12,000.00						2,400	28,607.00	11.92

(b)

	(1) 先進先出法	(2) 後進先出法	(3) 移動加權平均法
	$ 6,000	$14,000	$28,607
	5,600	12,000	–
	6,750	–	–
	12,000	–	–
成本	$30,350	$26,000	$28,607
市價:			
2,400@$11	$26,400	$26,400	$26,400
評價基礎	$26,400	$26,000	$26,400

(1)銷貨成本（或製造費用）	3,950	
備抵材料跌價		3,950

(2)不作任何分錄

(3)銷貨成本（或製造費用）	2,207	
備抵材料跌價		2,207

5.7 裕和公司19A 年 12月 31日有關存料之資料如下:

1.附加費用預計為售價之 20%，正常利潤為售價之 5%。

2.

材料種類	成　本	市　價	售　價
A	$500	$530	$700
B	530	475	650
C	640	650	900
D	495	475	630
E	515	490	660
F	490	485	580
G	480	480	640
H	615	780	950

試就美國會計師公會對「成本與市價孰低法」之介說，並以下列所示為標題，指出期末存貨應採用的數字：材料種類、成本、市價、淨實現價值、淨實現價值減正常利潤。

解:

材料種類	A	B	C	D	E	F	G	H
預計售價	700	650	900	630	660	580	640	950
預計附加費用	140	130	180	126	132	116	128	190
淨實現價值	560	520	720	504	528	464	512	760
預計正常利潤	35	32.5	45	31.5	33	29	32	47.5
預計淨實現價值減：正常利潤	525	487.5	675	472.5	495	435	480	712.5

材料種類	A	B	C	D	E	F	G	H
成　　本	$500	$530	$640	$495	$515	$490	$480	$615
市　　價	530	475	650	475	490	485	480	780
淨實現價值	560	520	720	504	528	464	512	760
淨實現價值減：正常利潤	525	487.5	675	472.5	495	435	480	712.5
存貨價值	500	487.5	640	475	495	464	480	615

5.8 裕新製造公司 2 月份材料之變化如下：

2月 1日結存	500單位	@$2.00
5日購入	200單位	@$2.50
12日發出	400單位	
21日發出	200單位	
27日購入	300單位	@$2.60

本月份發生下列成本：

直接人工	$2,000.00
製造費用分攤數	$1,750.00

本月份完工產品 1,000單位，其中 800單位已售出，無期初製成品存貨。

試求：

(a)按先進先出法及後進先出法列示其材料明細分類帳。

(b)按先進先出法及後進先出法計算下列各項成本：

(1)材料存貨　(2)製成品存貨　(3)銷貨成本。

解:

(a)

材 料 明 細 分 類 帳 （採先進先出法）

收入					發出					結存		
日期		數量	單價	金額	日期		數量	單價	金額	數量	金額	單價
2	1	上期結存								500	$1,000 00	$2 00
	5	200	$2 50	$500 00						{500 200	1,000 00 500 00	2 00 2 50
					2	12	400	$2 00	$800 00	{100 200	200 00 500 00	2 00 2 50
						21	{100 100	2 00 2 50	450 00	100	250 00	2 50
	27	300	2 60	780 00						{100 300	250 00 780 00	2 50 2 60

材 料 明 細 分 類 帳 （採後進先出法）

收入					發出					結存		
日期		數量	單價	金額	日期		數量	單價	金額	數量	金額	單價
2	1	上期結存								500	$1,000 00	$2 00
	5	200	$2 50	$500 00						{500 200	1,000 00 500 00	2 00 2 50
					2	12	{200 200	$2 00 2 50	$900 00	300	600 00	2 00
						21	200	2 00	400 00	100	200 00	2 00
	27	300	2 60	780 00						{100 300	200 00 780 00	2 00 2 60

(b)

	先進先出法	後進先出法
材料存貨	$1,030	$ 980
製成品存貨	1,000*	1,010***
銷貨成本	4,000**	4,040****

$* \quad \$1,000 + 500 + 780 = \$2,280$

$$\frac{\$(2,280 - 1,030) + (2,000 + 1,750)}{1,000} = \$5$$

$\$5 \times (1,000 - 800) = \$1,000$

$** \quad \$5 \times 800 = \$4,000$

$$*** \frac{\$(2,280 - 980 + 2,000 + 1,750)}{1,000} = \$5.05$$

$\$5.05 \times (1,000 - 800) = \$1,010$

$**** \quad \$5.05 \times 800 = \$4,040$

5.9 裕民公司於 19A 年 1 月 9 日製造「甲」產品一批，計 200件，每件耗用「子」材料四磅。於開始製造時一次領用。有關此批產品之各項成本資料如下:

1.「子」材料之期初存貨為若干磅，計若干元； 1 月 7 日購入 1,000 磅。此項材料除本題內所列之收發外，並無其他進出。該公司對於發料成本之取決，係採用後進先出法； 1 月終「子」材料之期末存貨為 1,000磅，計值$26,000。

2.人工成本佔製造成本之 50%，工人每小時工資率為$4。

3.製造費用按直接人工時數法分攤，其分攤率每小時$0.80。

茲設該公司對於發料成本之取決，改採用先進先出法計算，則「子」材料之期末存貨將為$30,000。

試求:

(a)該公司現行辦法下此批產品之成本。

(b)發料成本改採用先進先出法時，此批產品之成本。

（高考試題）

解:

日　期	說　明	數　量	單　價
1月1日	期　初	800	x
7日	購　入	1,000	y
9日	領　用	(800)	
31日	結　存	1,000	

後進先出法下之期末存貨成本:

$800x + 200y = \$26,000 \cdots\cdots\cdots\cdots ①$

先進先出法下之期末存貨成本:

$1,000y = \$30,000 \cdots\cdots\cdots\cdots\cdots\cdots ②$

由②得 $y = \$30$，代入①

$800x + 200 \times 30 = \$26,000$

$800x = \$20,000$

$x = \$25$

又依題意得知下列關係:

$$\text{製造成本}\ (z)\begin{cases}\text{直接原料:}\quad 40\%z\\ \text{直接人工:}\quad 50\%z\\ \text{製造費用:}\quad 20\%(50\%z) = 10\%z\end{cases}$$

製造成本:

	先進先出法		後進先出法	
直接原料	$25 × 800	=$20,000	$30 × 800	= $24,000
直接人工	$60,000* × 50%=	30,000	$60,000 × 50%=	30,000
製造費用	$0.80 × 7,500 =	6,000	$0.80 × 7,500 =	6,000
		$56,000		$60,000

$*40\%z = \$24,000 \qquad z = \$60,000$

5.10 裕華公司製造部主任，突然於 19B 年 5月 1日不告而別，該公司總經理認定製造部主任，有盜竊公司材料的嫌疑，乃邀請您協助查核。該公司雖採用永續盤存制，但是製造部主任不但控制生產，而且還控制存貨記錄。

裕華公司專門生產椅子；椅子的骨架及四腳，均以鋁管按尺寸切割成為原料；椅子骨架需用鋁管 72英吋，四腳各需耗用鋁管 24英吋；廢料平均為耗用原料之 10%。

製造部主任離職後，實地盤點存貨及根據上年度成本記錄，有關資料如下：

	19A 年 12月 31日	19B 年 5月 1日
鋁管原料（英呎）	90,000	85,000
製成品（單位）	5,000	10,000
在製品	–0–	–0–

另查核會計記錄顯示 19B 年 1月至 4月，共進料 1,425,000英呎鋁管，並銷售 85,000單位之椅子。

試求：

(a)請列表計算製造部主任盜竊鋁管原料之數量。

(b)您認為裕華公司之內部控制制度應如何改進？

（美國會計師考試試題）

解：

(a)

	鋁管原料
期初存貨 (1/1)	90,000
進　　料	1,425,000
	1,515,000
期末存貨 (5/1)	(85,000)
實際耗料數量（英呎）	1,430,000

	製成品	
期初存貨 (1/1)	5,000	
加：完工產品	x	
可銷售商品數量	$5,000+x$	
減：銷售數量	(85,000)	
期末存貨 (5/1)	10,000	
完工產品 (x)	90,000	（單位）
每單位產品耗用原料		
$72 \div 12 = 6$		
$24 \div 12 \times 4 = 8$	14	
	1,260,000	
廢料：10%	126,000	
應耗料數量（英呎）	1,386,000	
製造部主任盜竊材料數量	44,000	（英呎）

(b)裕華公司之製造部主任，既能控制生產，又能控制存貨記錄，該公司雖然採用永續盤存制度，也無法避免其盜竊材料的弊端；蓋材料記錄既然由他控制，可任其偽造、變造、或塗改等，無所不為，以掩飾其盜竊材料的行為。因此，裕華公司之所有材料及製成品存貨，應由倉儲部或派專人負責保管；材料或製成品明細分類帳，則歸由成本會計部掌管，以貫徹「管料不管帳，管帳不管料」的原則；至於製造部主任，僅負責生產工作，不能任其管料又管帳，以杜弊端。

第六章　材料成本（下）

選擇題

6.1　出售從製造過程中所產生之廢料收入，通常應列為：

(a)抵減製造費用。

(b)增加製造費用。

(c)抵減製成品成本。

(d)增加製成品成本。

解： (a)

出售從製造過程中所產生之廢料收入，以其數額較小，通常應列為製造費用的抵減項目。惟在分批成本會計制度之下，出售從某批次製造過程中所產生之廢料收入，應列為該批次在製品成本的抵減項目。

6.2　D 公司 1997年 6月份，於生產過程中，發生廢料、正常損壞品、及非正常損壞品；其生產成本應包括那些成本？

(a)僅包括廢料，不包括損壞品。

(b)僅包括正常損壞品，不包括廢料及非正常損壞品。

(c)包括廢料及正常損壞品，惟不包括非正常損壞品。

(d)包括廢料、正常損壞品、及非正常損壞品。

解： (c)

生產成本應包括廢料及正常損壞品，惟不包括非正常損壞品。蓋廢料為生產作業之原料殘餘價值，其回收價值不大；故通常將出售廢料之收入，列為製造費用的減項。正常損壞品為正常生產作業之所不可避免，應予列為生產成本。非正常損壞品，乃製造產品時，非經常發生之成本，不可列為生產成本，應列為當期之期間成本。

下列資料，作為解答第 6.3 題及第6.4 題之根據：
M 公司 1997 年 8 月份，完成第 301 批次產品 1,100 單位之有關單位成本如下：

直接原料	$10
直接人工	9
製造費用（包括寬容限度內之損壞品$1.00在內）	9
合　　計	$28

檢查第 301批次完工產品時，發現損壞品 100單位，並按$1,200出售給購買二手貨的製造商。

6.3 假定損壞品成本平均分攤於 8月份之全部產品負擔，則第 301批次完工產品之單位成本應為若干？

(a)$28

(b)$27

(c)$25

(d)$24

解：(a)

當損壞品成本，由所有產品分攤時，應將寬容限度內之損壞品成本，按預計分攤率，預先包括於製造費用之內。因此，第 301 批次完工產品成本，應按每單位$28 計算其單位總成本，其中已包括正常寬容限度內之損壞品成本$1.00 在內。

出售損壞品 100 單位收入$1,200 應列為製造費用之減項。

6.4 假定第 301批次損壞品 100單位之成本，係由於該批次產品單獨發生，應由該批次產品單獨負擔，則第 301批次完工產品之單位成本應為若干？

(a)$30.00

(b)$28.50

(c)$28.00

(d)$27.00

解： (b)

當損壞品成本，歸因於某特定產品單獨發生時，應由該特定完工產品單獨負擔。因此，第 301 批次完工產品之單位成本，在調整損壞品成本之前，應為$27 ($28−$1)。則 1,000 單位完工產品之單位成本，應計算如下：

1,000 單位完工產品成本：　$27 × 1,000		$27,000
100單位損壞品成本：　$27 × 100	$2,700	
出售 100 單位損壞品收入	1,200	1,500
完工產品總成本		$28,500
完工產品數量		÷ 1,000
完工產品單位成本		$ 28.50

6.5 P公司 1997年 4月份，發生總製造成本$800,000，其中包括$20,000之正常損壞品成本，及$10,000之非正常損壞品成本；另悉該公司並未採用標準成本會計制度。P 公司應如何處理損壞品成本？

(a)$30,000列為期間成本。

(b)$30,000列為存貨成本。

(c)$20,000列為期間成本，$10,000列為存貨成本。

(d)$20,000列為存貨成本，$10,000列為期間成本。

解：(d)

正常損壞品成本，視為生產成本之所必需；因此，$20,000 之正常損壞品成本，應列為存貨（生產）成本。至於非正常損壞品成本，乃製造產品時，非經常發生之成本；故$10,000 之非正常損壞品成本，應列為期間成本。

6.6 及時材料管理制度之優點，通常包括：

(a)消除無附加價值之作業。

(b)增加供應商家 (人)數，增進公司得標之競爭地位。

(c)增加標準送貨量，減少送貨之文書工作。

(d)減少送貨次數，仍可維持生產的需要。

解：(a)

實施及時材料管理制度之優點，通常包括如何消除無附加價值之作業；此項優點，可節省公司之費用，而且不會影響與顧客的關係。贊成及時材料管理制度的人士認為，存貨如水可載舟，亦可覆舟；因此，從領用原料開始，其中經在製品、製成品、銷售等各個階段，必須嚴格限制，不能有任何無謂的成本耗費，俾減少成本至最低程度。

採用及時材料管理制度，通常僅維持少數可靠的供應商；增加送貨次數，減少送貨數量。

6.7 下列成本之變化，那一種情況最適合於採用及時材料管理制度，而放棄傳統的管理方法？

	每一訂購單之訂購成本	特定期間材料儲存成本
(a)	增加	增加
(b)	減少	增加
(c)	減少	減少
(d)	增加	減少

解： (b)

採用及時材料管理制度，將使材料的訂購次數增加，材料存量維持最少，甚至於零存貨。假定每一訂購單之訂購成本減少，而且特定期間材料儲存成本增加，則最適合放棄傳統的材料管理制度，而改採用及時材料管理制度；蓋採用及時材料管理制度後，訂購次數雖然增加，惟每一訂購單之訂購成本已減少，不會增加費用；另一方面，由於採用及時材料管理制度，存料維持最少，材料儲存成本必將大量減少。

6.8　A公司放棄傳統的製造安排，改採用及時材料管理制度。此項改變對於存貨週轉率，以及存貨佔總資產的百分比，預期將產生何種影響。

	存貨週轉率	存貨佔總資產百分比
(a)	減少	減少
(b)	減少	增加
(c)	增加	減少
(d)	增加	增加

解： (c)

及時材料管理制度致力於避免廢料、壞料、及瑕疵品之發生，並維持最低之存貨數量；因此，在及時材料管理制度之下，存貨必然減少甚多。存貨週轉率乃銷貨成本除平均存貨（期初與期末存貨之平均數）之商；假定銷貨成本不變，平均存貨減少時，存貨週轉率相對增加。當存貨減少時，雖然總資產減少，然而，存貨佔總資產百分比，仍然會減少。

6.9 D公司因找到一家極為可靠的供應商，乃決定減少80%之原料安全存量；此項減少安全存量之措施，對該公司之經濟訂購量，會產生何種影響？

(a)減少 80%。

(b)減少 64%。

(c)增加 20%。

(d)沒有影響。

解：(d)

經濟訂購量之主要功能，在於確定訂購成本等於儲存成本，減少兩者之和至最低程度；其計算公式如下：

$$\text{經濟訂購量}=\sqrt{\frac{2\times\text{每一訂購單之訂購成本}\times\text{每期材料需求量}}{\text{每單位儲存成本}}}$$

由上列公式可知，安全存量對經濟訂購量沒有影響；安全存量僅於確定訂購點時，會有影響。

6.10 經濟訂購量之計算公式，係認定：

(a)由於獲得數量之折扣，使每單位進貨成本不同。

(b)簽發每一訂購單之訂購成本，隨訂購量而改變。

(c)每期材料需求量為已知。

(d)材料使用率之不定因素，因安全存量而獲得保障。

解：(c)

由經濟訂購量之計算公式，吾人得知每期之材料需求量為已知，至於每單位進貨成本及安全存量，均與計算公式無關。此外，簽發每一訂購單之成本，均認定為固定不變，不隨訂購量而改變。

6.11 下列那一項應包括於經濟訂購量之計算公式內？

	材料儲存成本	缺料成本
(a)	是	非
(b)	是	是
(c)	非	是
(d)	非	非

解：(a)

材料儲存成本應包括於經濟訂購量之計算公式內，至於缺料成本與經濟訂購量之計算公式無關。

6.12 F 公司每年均勻地銷售個人電腦 20,000臺，每臺電腦每年儲存成本 \$200，簽發每一訂購單之訂購成本\$50。該公司之經濟訂購量應為若干？

(a) 225

(b) 200

(c) 100

(d) 50

解：(c)

經濟訂購量之計算公式如下：

$$\text{經濟訂購量} = \sqrt{\frac{2(\$50)(20,000)}{\$200}}$$

$$= \sqrt{(100)^2}$$

$$= 100\text{（單位）}$$

6.13 G 公司採用及時 (JIT)生產制度，零件改由自己生產，建立新生產線之每單位設定成本 (Set-up Costs)由$28減少為$2。在從事於降低存貨數量的過程中，發現使用場地及人事管理等各項固定費用，未包括於儲存成本之內；如將這些成本包括於儲存成本之內，每年每單位儲存成本將增加$32。以上各項成本之增減變動，對經濟訂購量大小及攸關成本，會產生何種影響？

	經濟訂購量大小	攸關成本
(a)	減少	增加
(b)	增加	減少
(c)	增加	增加
(d)	減少	減少

解：(d)

假定企業管理者，為了自己生產零件以代替外購，則為生產零件而建立新生產線之設定成本，應視為外購之訂購成本一樣，包括於經濟訂購量之計算公式內。其計算公式如下：

$$經濟訂購量 = \sqrt{\frac{2 \times 每單位設定成本 \times 每期材料需求量}{每單位儲存成本}}$$

蓋設定成本為計算公式之分子；如設定成本減少，經濟訂購量亦隨而減少；又材料每單位儲存成本為計算公式之分母，則每單位儲存成本增加，經濟訂購量隨而減少。至於攸關成本，乃由於不同方案之選擇，預期未來成本將有所不同；蓋設定成本屬於變動成本，當設定成本減少時，攸關成本也將隨而減少；又已發生之每單位材料儲存成本屬於固定成本性質，僅未包括於計算每單位儲存成本而已，再予包括進去，並不會增加攸關成本。

6.14 H 公司有關甲材料之各項資料如下：

每年材料耗用量	20,000
每年工作天	250
安全存量	800
前置期間 (天數)	30

已知材料需求量全年度極為均勻；該公司之訂購點應為若干？

(a) 800

(b) 1,600

(c) 2,400

(d) 3,200

解: (d)

訂購點之計算公式如下:

訂購點=每日耗用量 × 前量期間 + 安全存量

$=80^{*} \times 30 + 800$

$=3,200$（單位）

$*20,000 \div 250 = 80$

計算題

6.1 裕榮公司製造某種產品時，須經甲、乙兩製造部。所有材料均於甲製造部投入，經完工後再轉入乙製造部，繼續製成產品。甲製造部正常損壞率為 5%，損壞品須當廢料出售，出售收入貸記甲製造部帳上。 19A 年度 6 月份成本資料如下:

	甲製造部	乙製造部
直接材料	$ 7,600	–
直接人工	11,400	$ 3,800
製造費用	5,700	7,600
合　計	$ 24,700	$ 11,400

6 月份甲製造部廢料收回合計$190。

又本月份生產情形如下:

	甲製造部	乙製造部
本部開始製造或前部轉來數量	4,000	3,800
本部損壞數量	200	–
本部完成並轉出數量	3,800	3,800

試求:

(a)編製各製造部單位成本計算表。

(b)假設乙製造部在製造過程中,損壞 20件,無殘值,餘 3,780經轉入製成品帳戶,則應如何結清乙製造部之帳戶?

解:

(a)

裕 榮 公 司

單 位 成 本 計 算 表

19A 年度 6 月份

	甲製造部		乙製造部	
	總成本	單位成本	總成本	單位成本
直接原料	$ 7,600	$2.00	–	–
直接人工	11,400	3.00	$ 3,800	$1.00
製造費用	5,700	1.50	7,600	2.00
部份成本總額	$24,700	$6.50	$11,400	$3.00
減:廢料殘值	(190)	(0.05)	–	–
	$24,510	$6.45	$11,400	$3.00
前部轉來成本	–	–	24,510	6.45
累積成本	$24,510	$6.45	$35,910	$9.45

生　產　記　錄
19A 年度 6 月份

	甲製造部	乙製造部
本部開始製造或前部轉來數量	4,000	3,800
損壞數量（經常性）	200	–
本部完成並轉出數量	3,800	3,800

(b)製成品	35,721	
壞料損失	189	
乙製造部成本		35,910

計算如下:

製成品:　3,780@$9.45 = $35,721

壞料損失（非經常性）:　20@$9.45 = 189

6.2　裕華公司接到訂貨一批，按照指定規格製造馬達 100件，因其規格與該公司現在所製造者不同，製造上恐有困難，不敢輕予接受，經協商後，客戶同意提高定價，藉以負擔損壞及瑕疵品成本。

該批定單成本如下:

直接材料:		
倉庫領料	$1,000	
特別購用	1,000	$2,000
直接人工		1,000
製造費用	按直接人工成本 150%分攤。	

完工馬達經檢驗有瑕疵者，送廠整修，發生下列成本:

倉庫領料	$100
直接人工	20
製造費用	按直接人工成本 150%分攤。

特別購用材料之殘值，經出售得款$20。

試求：

(a)計算該批產品之售價，假設顧客同意售價按成本加價 20%計算，並附上單位成本計算表，說明瑕疵品附加成本，應加入或不應加入之理由。

(b)記載材料領用、人工成本耗用、製造費用分攤、瑕疵品附加成本及廢料殘值收回之有關分錄。

解：

(a)整修瑕疵品附加成本，應加入該批產品成本，蓋此項附加成本，係由於該批產品之特定規格所致，而非屬經常發生的成本。

其單位成本計算如下：

直接材料	$2,000
直接人工	1,000
製造費用	1,500
附加成本：	
倉庫領料	100
直接人工	20
製造費用	30
減：特別購用材料殘值收入	(20)
成本總計	$4,630
單位成本（製成品 100 件）	$4.63
產品售價 $\$4,630 \times (1+0.2)$	$5,556

(b)(1)材料領用：

在製原料	1,000	
材料		1,000
在製原料	1,000	
應付憑單		1,000

⑵人工成本:

在製人工	1,000	
工廠薪工		1,000

⑶製造費用分攤:

在製製造費用	1,500	
已分攤製造費用		1,500

⑷附加成本:

在製原料	100	
在製人工	20	
在製製造費用	30	
材料		100
工廠薪工		20
已分攤製造費用		30

⑸廢料殘值收回:

材料（廢料）	20	
在製原料		20
現金	20	
材料（廢料）		20

6.3　裕隆公司採永續盤存制以記載存貨，惟為確定存貨之價值，於 19A

年 12 月31 日經實地盤點期末存貨時，發現下列各事項:

存貨編號	實地盤存數量	永續盤存數量
#101	2,000 單位	2,100 單位
	領用直接原料 100單位時，會計部門漏未記帳，每單位原料成本為$10。	
#102	500 單位	300 單位
	購入材料 200單位，發票及收貨報告單未送會計部門，故會計部門尚未記帳；每單位材料之購入價格為$8。	
#103	1,000 單位	1,020 單位
	減少材料 20單位，係屬經常性損失，計每單位成本$15。	
#104	1,900 單位	2,000 單位
	經查減少之原因係由於被盜所致，每單位材料成本$12。	

試將上列各有關資料，以分錄方式更正之。

解:

		借	貸
(1)#101	在製原料	1,000	
	材料		1,000
(2)#102	材料	1,600	
	應付憑單		1,600
(3)#103	製造費用	300	
	材料		300
(4)#104	材料盤虧	1,200	
	材料		1,200

6.4 裕國公司採受託方式，接受客戶之訂單，生產各種產品。其中接受裕民公司之訂單#505，其完工成本如下:

直接材料	$10,000
直接人工	7,000
製造費用	3,000
合　　計	$20,000

經檢驗結果，發現該項產品部份有瑕疵。此項瑕疵經整修完成，計耗用下列各項成本：

直接材料	$4,000
直接人工	2,000
製造費用	1,000
合　計	$7,000

試求：請按下列二種不同方法，分錄有關訂單#505之各項成本

(a)整修瑕疵品之附加成本，由訂單#505單獨負擔。

(b)整修瑕疵品之附加成本，由所有產品共同負擔。

解：

	借	貸
(a)在製原料	10,000	
在製人工	7,000	
在製製造費用	3,000	
材料		10,000
工廠薪工		7,000
已分攤製造費用		3,000
在製原料	4,000	
在製人工	2,000	
在製製造費用	1,000	
材料		4,000
工廠薪工		2,000
已分攤製造費用		1,000
製成品	27,000	
在製原料		14,000
在製人工		9,000
在製製造費用		4,000

(b)在製原料	10,000	
在製人工	7,000	
在製製造費用	3,000	
材料		10,000
工廠薪工		7,000
已分攤製造費用		3,000
製造費用	7,000	
材料		4,000
工廠薪工		2,000
已分攤製造費用		1,000
製成品	20,000	
在製原料		10,000
在製人工		7,000
在製製造費用		3,000

6.5 國泰公司對材料存貨，採用ABC 材料分析法。有關材料的各項資料如下：

材料號碼	每年需用量	單位成本	總成本
6501	2,000	$20.00	$ 40,000
6502	20,000	0.25	5,000
6503	6,000	10.00	60,000
6504	1,000	30.00	30,000
6505	18,000	1.00	18,000
6506	7,600	2.50	19,000
6507	10,000	3.00	30,000
6508	5,000	2.00	10,000
6509	7,000	2.00	14,000
6510	30,000	0.50	15,000
6511	10,000	1.50	15,000
6512	8,000	2.50	20,000
	124,600		$276,000

試求:

(a)將上列資料，按 ABC 材料分析法，按重點排列，呈送管理當局。

(b)編製 ABC 分析圖形，以示其重點分佈狀況。

解:

(a) ABC 材料分析:

材料號碼	每年需用量	用量百分比	單位成本	總成本	成本百分比
6503	6,000	4.8%	$10.00	$ 60,000	21.7%
6501	2,000	1.6%	20.00	40,000	14.5%
6504	1,000	0.8%	30.00	30,000	10.9%
6507	10,000	8.0%	3.00	30,000	10.9%
高價值材料合計	19,000	15.2%		$160,000	58.0%
6512	8,000	6.4%	2.50	$ 20,000	7.2%
6506	7,600	6.1%	2.50	19,000	6.9%
6505	18,000	14.5%	1.00	18,000	6.5%
6510	30,000	24.1%	0.50	15,000	5.4%
6511	10,000	8.0%	1.50	15,000	5.4%
6509	7,000	5.6%	2.00	14,000	5.1%
中等價值材料合計	80,600	64.7%		$101,000	36.6%
6508	5,000	4.0%	2.00	$ 10,000	3.6%
6502	20,000	16.1%	0.25	5,000	1.8%
低價值材料合計	25,000	20.1%		$ 15,000	5.4%
材料總計	124,600	100.00		$276,000	100.00

(b) ABC 分析圖:

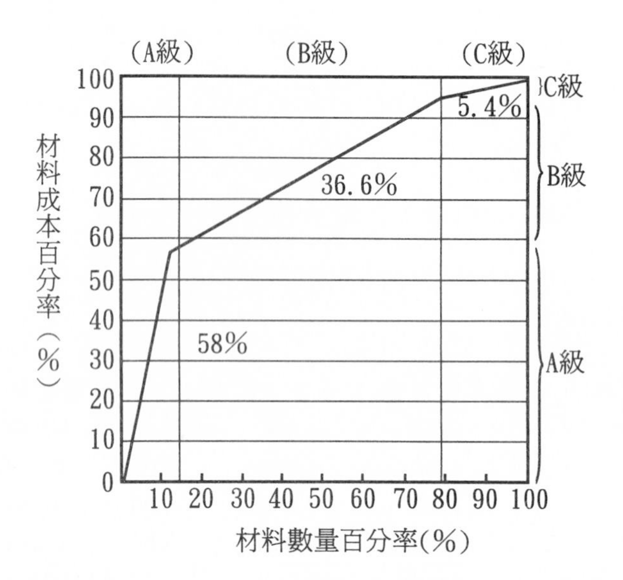

6.6 下列為六種獨立的情況，每一種情況均有一項未知數：

	(1) 每年材料需求量	(2) 每單位儲存成本	(3) 每一訂單之訂購成本	(4) 經濟訂購量
(a)	40,000	$10.00	(x)	800
(b)	6,000	0.60	8.00	(y)
(c)	20,000	(z)	64.00	800
(d)	(l)	2.00	30.00	300
(e)	2,000	10.00	9.00	(m)
(f)	20,000	8.00	(n)	400

試求：請計算每一獨立情況之未知數。

解：

經濟訂購之計算公式如下：

$$\text{經濟訂購量} = \sqrt{\frac{2 \times \text{每一訂單訂購成本} \times \text{每年材料需求量}}{\text{每單位儲存成本}}}$$

$$(a)800 = \sqrt{\frac{2(x)(40,000)}{10}} = \sqrt{\frac{6,400,000}{10}}$$

$$= \sqrt{\frac{2(80)(40,000)}{10}}$$

$x = 80$

(b)經濟訂購量 $= \sqrt{\dfrac{2(8)(6,000)}{0.60}} = \sqrt{(4)^2(100)^2}$

$y = 400$（單位）

(c)$800 = \sqrt{\dfrac{2(64)(20,000)}{z}} = \sqrt{\dfrac{4(4)^2(200)^2}{z}}$

$z = \$4$

(d)$300 = \sqrt{\dfrac{2(30)(l)}{2}} = \sqrt{\dfrac{2(300)(300)}{2}}$

$= \sqrt{\dfrac{2(30)(3,000)}{2}}$

$l = 3,000$（單位）

(e)$m = \sqrt{\dfrac{2(9)(2,000)}{10}} = \sqrt{\dfrac{(3)^2(20)^2 \times 10}{10}}$

$m = 60$（單位）

(f)$400 = \sqrt{\dfrac{2(n)(20,000)}{8}} = \sqrt{\dfrac{(8)(400)^2}{8}}$

$= \sqrt{\dfrac{2(32)(20,000)}{8}}$

$n = \$32$

6.7 下列為五種獨立的情況，每一種情況均有一項未知數：

	(1) 每年材料需求量	(2) 每年工作天數	(3) 前置期間（天數）	(4) 安全存量	(5) 訂購點
(a)	7,200	240	20	750	(x)
(b)	20,000	250	30	(y)	3,200
(c)	10,000	250	(z)	400	1,600
(d)	9,000	(l)	10	90	390
(e)	(m)	300	5	150	650

試求：請計算每一獨立情況之未知數。

解:

訂購點之計算公式如下:

$$訂購點 = 每天耗用量 \times 前置期間 + 安全存量$$

(a)$x = (7,200 \div 240) \times 20 + 750 = 1,350$（單位）

(b)$3,200 = (20,000 \div 250) \times 30 + y$

$y = 800$（單位）

(c)$1,600 = (10,000 \div 250) \times z + 400$

$z = 30$（天）

(d)$390 = (9,000 \div l) \times 10 + 90$

$l = 300$（天）

(e)$650 = (m \div 300) \times 5 + 150$

$m = 30,000$ （單位）

6.8 嘉裕公司X 材料之有關資料如下:

每年材料需求量	7,200
每年工作天數	240
正常前置時間 (天數)	20
最大前置時間 (天數)	45

另悉該公司對於 X 材料的需求量，全年度都很均勻。

試求：請計算:

(a)訂購點。

(b)安全存量。

解:

(a)訂購點 = 每天材料耗用量 × 最大前置時間

（包括安全存量）

$= (7,200 \div 240) \times 45$

$= 1,350$（最大前置期間之需求量）

(b)安全存量= 最大前置期間之需求量 − 正常前置期間之需求量

$= 1,350 - (7,200 \div 240) \times 20$

$= 750$（單位）

6.9 國光公司為有效運用營運資金，決定對材料成本加以規劃與控制。該公司每月平均需用材料 100單位，每單位價格$12；自材料訂購日至收貨日止之前置期間為一個月；每次訂購成本$50；每單位材料儲存成本為購料成本的 25%。因該公司對於前置期間及每一計量時間材料需用量均能確定，故不設置安全存量。

試求：

(a)經濟訂購量。

(b)訂購點。

(c)以圖形列示訂購點圖。

解：

(a)設經濟訂購量 $= Q$，則

$$Q=\sqrt{\frac{2 \times 100 \times 12 \times \$50}{\$12 \times 25\%}}$$

$$=\sqrt{\frac{\$120,000}{\$3}}$$

$=200$（單位）

(b)前置期間及每一計量期間材料需求量均能確定時，訂購點（再訂購點）之計算公式如下：

訂購點=每一計量期間材料需用量 × 前置期間 + 安全存量

$=100\times1+0$

$=100$（單位）

(c)

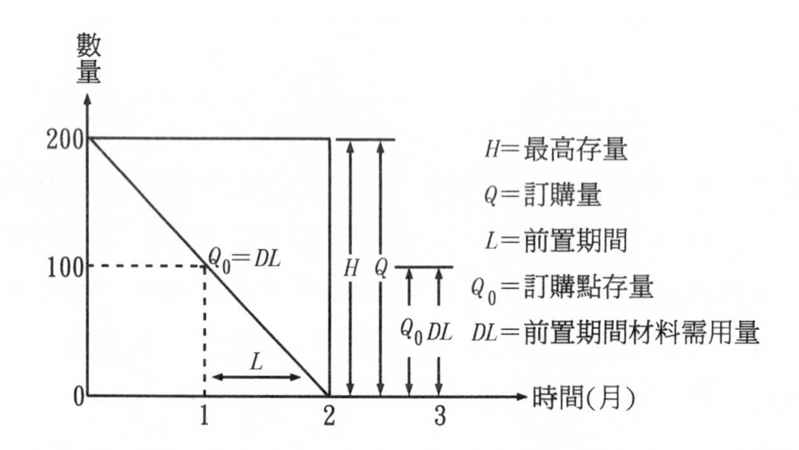

6.10 國鼎公司每年材料需求量固定為1,000單位，每單位材料價格為$4，前置期間二星期，每次訂購成本計$20，材料儲存成本為進貨成本的16%。

試求:

(a)最適當的訂購期間。

(b)經濟訂購量。

(c)每年訂購次數。

(d)全年度存貨總成本。

解:

(a)設 $t=$ 最適當訂購期間，則

$$t=\sqrt{\frac{2TC_1}{DC_2}}$$

$$=\sqrt{\frac{2\times 1\times 20}{1,000\times 4\times 16\%}}$$

$$=\sqrt{\frac{400}{640}}=0.25$$

$=\frac{1}{4}$（年）或 3（個月）

(b) $t=\frac{TQ}{D}$, $Q=\frac{Dt}{T}$

$Q=\frac{1,000\times\frac{1}{4}}{1}=250$（單位）

(c)設 $N=$ 每年之訂購次數，則

$N=\frac{D}{Q}=\frac{1,000}{250}$

$=4$（次）

(d)全年存貨總成本:

材料進貨成本:	$\$4\times 1,000$	\$4,000
材料訂購成本:	$\$20\times 4$	80
材料儲存成本:	$\$4,000\times 16\%$	640
合　計		\$4,720

6.11 國華製造公司擬於下年度生產 200,000單位的產品，俾供應全年度均勻之銷貨需求量。每次生產之設定成本 (Set-up cost)為\$144；每單位產品之變動成本為\$5.00；每單位產品存貨每年儲存成本為\$0.40。當生產一批產品之後，即存放於倉庫內，依一定比率銷售，直至下一批產品完成為止。管理當局為求出每批產品之最適當產量，俾達成生產成本及存貨儲存成本總額最小之目標。

設 $x=$每批產品之產量。

試求:

(a)按 $200,000 \div x$ 之方式，列示全年度生產批數之計算公式。

(b)按 $\$144 \times (200,000 \div x)$之方式，列示全年度產品之設定成本總額之計算方程式。

(c)按$\$0.40(\frac{x}{2})$ 之方式，列示全年度存貨儲存成本總額之計算方程式。

(d)列示 $x = 12,000$ 單位之計算方程式。

(e)列示上列(b)與(c)相等結果之方程式。

(美國會計師考試試題)

解:

(a)全年度生產次（批）數之公式:

$$\frac{D}{Q} = \frac{200,000}{x}$$

(b)全年度設定成本總額 $= NS$

$$= \left(\frac{200,000}{x}\right)(\$144)$$

(c)全年度存貨儲存成本總額 $= \dfrac{IQ}{2}$

$$= \$0.40\left(\frac{x}{2}\right)$$

(d)$x = Q = \sqrt{\dfrac{2SD}{I}}$

$$= \sqrt{\frac{2(144)(200,000)}{0.4}}$$

$$= 12,000$$

(e)$NS = \dfrac{(200,000)(144)}{12,000} = \$2,400$

$$\frac{IQ}{2} = \frac{\$0.4(12,000)}{2} = \$2,400$$

6.12 國聯公司提供下列資料，俾作為控制某項存貨之參考:

每年工作天數	250
每天正常之材料耗用量	500
最高材料耗用量 (每天)	600
最低材料耗用量 (每天)	100
前置期間 (天數)	5
每一訂單之變動訂購成本	$36
每一單位每年之變動儲存成本	$1

試求:

(a)經濟訂購量。

(b)安全存量。

(c)訂購點。

(d)正常最高存量。

(e)絕對最高存量。

(f)正常前置期間及材料耗用量下之平均存貨。

(加拿大會計師考試試題)

解:

(a)$Q=\sqrt{\frac{2\times 125,000^{*}\times \$36}{\$1}}$

$=\sqrt{\$9,000,000}$

$=3,000$（單位）

$*250\times 500=125,000$

(b)安全存量:

每天最高存量	600 單位
正常存量（每天）	500 單位
安全存量（最大）	100 單位

每週安全存量 $=100$ 單位 $\times 5=500$ 單位

(c)	每天正常材料耗用量	500 單位
	前置期間	5
		2,500 單位
	安全存量	500 單位
	訂購點	3,000 單位

(d)	訂購點	3,000 單位
	前置期間正常材料耗用量	2,500 單位
	訂購單收到時之材料存量	500 單位
	訂購量	3,000 單位
	正常最高存量	3,500 單位

(e)	訂購點	3,000 單位
	前置期間最小材料耗用量 (100×5)	500 單位
	訂購單收到時之材料存量	2,500 單位
	訂購量	3,000 單位
	絕對最高存量	5,500 單位

(f)	經濟訂購量 $\div 2$	1,500 單位
	安全存量	500 單位
	在正常前置期間及材料耗用量下之平均存貨	2,000 單位

6.13 藍星公司管理當局，擬計算 A 產品的安全存量，並使安全存量的成本最低；有關資料如下：

缺料成本	每次發生$120
安全存量之儲存成本	每單位每年$3
訂購次數	每年 5次

另有下列資料：

安全存量	缺料或然 (%)
10	50
20	40
30	30
40	20
50	10

試求：請計算那一項安全存量，能使全年度的成本最低。

(美國會計師考試試題)

解：

安全存量		每單位每年儲存成本		全年度儲存成本	每次缺料成本		缺料或然率		每年訂購次數		預期全年度缺料成本	預期總成本
10	×	$3	=	$ 30	$120	×	50%	×	5	=	$300	$330
20	×	$3	=	$ 60	$120	×	40%	×	5	=	$240	$300
30	×	$3	=	$ 90	$120	×	30%	×	5	=	$180	$270
40	×	$3	=	$120	$120	×	20%	×	5	=	$120	$240
50	×	$3	=	$150	$120	×	10%	×	5	=	$ 60	$210 (最低)

成本最低之安全存量為 50 （單位）

6.14 麗新公司採用及時 (JIT)制度於製造部及材料管理部，會計部門也配合採用反序成本制度。生產「子」產品每單位之標準成本如下：

直接原料	$25.00
加工成本	45.00
單位總成本	$70.00

另悉無任何期初存貨。

1997年度 1月份發生下列事項：

1.購入直接原料$510,000，貨款暫欠。

2.發生加工成本$911,000。

3.按 20,000件分攤加工成本。

4.完工產品 20,000件，轉入製成品帳戶。

5.銷售產品 19,800件，每件售價$105，貨款暫欠。

6.實際與標準加工成本之差異，於月終時，轉入銷貨成本。

試求:

(a)請用分錄的方法，記錄上列各事項。

(b)請用 T 字形的方式，列示上列各成本帳戶。

(c)請列示各項期末存貨成本。

解:

(a)(1)購入直接原料:

原料及在製品	510,000	
應付帳款		510,000

(2)發生加工成本:

加工成本	911,000	
各項帳戶		911,000
（例如工廠薪工，各項費用等）		

(3)分攤加工成本之分錄:

製成品	900,000	
分攤加工成本		900,000

$\$45 \times 20,000 = \$900,000$

(4)完工產品轉入製成品之分錄:

製成品	500,000	
原料及在製品		500,000

$\$25 \times 20,000 = \$500,000$

(5)銷售產品之分錄:

應收帳款	2,079,000	
銷貨收入		2,079,000

$\$105 \times 19,800 = \$2,079,000$

銷貨成本	1,386,000	
製成品		1,386,000

$\$70 \times 19,800 = \$1,386,000$

(6)實際與標準加工成本之差異，轉入銷貨成本帳:

分攤加工成本	900,000	
銷貨成本	11,000	
加工成本		911,000

(b)以 T 字形列示各成本帳戶:

原料及在製品

(1)	510,000	(4)	500,000

分攤加工成本

(6)	900,000	(3)	900,000

製成品

(3)	900,000	(5)	1,386,000
(4)	500,000		

銷貨成本

(5)	1,386,000		
(6)	11,000		

加工成本

(2)	911,000	(6)	911,000

(c)各項期末存貨成本:

原料及在製品	$10,000
製成品	14,000
合　　計	$24,000

第七章　人工成本的控制與會計處理

選擇題

7.1　B公司由於生產安排超過正常工作時數，需要加班；有關資料如下：

正常工作時數：　800 小時@$5.00
加班時數：　200 小時@$7.50

B公司應如何記錄上項人工成本及加班津貼？

	在製品	製造費用
(a)	$4,000	$1,500
(b)	$4,500	$1,000
(c)	$4,800	$700
(d)	$5,000	$500

解：(d)

加班津貼應借記製造費用，其餘之正常時數及加班時數的人工成本，則借記在製品帳戶。

在製品：正常及加班時數之人工成本

$\$5 \times (800 + 200) = \$5,000$

製造費用：加班津貼

$\$2.50 \times 200 = \$500$

7.2　M公司某期間直接人工計工單列示下列各項資料：

正常工作時數: 500 小時@$5.00=$2,500
加班時數: 100 小時@$7.50=750
機器設定時間: 50 小時@$5.00=250

M 公司應如何記錄上列各項人工成本?

	在製品	製造費用
(a)	$3,000	$ 500
(b)	$2,750	$ 750
(c)	$2,500	$1,000
(d)	$2,000	$1,500

解: (a)

加班津貼及機器設定時間之人工成本,應借記製造費用,其餘則借記在製品帳戶。

	在製品	製造費用
正常及加班時數	$5.00 × 600 =$3,000	–
加班津貼	–	$2.50 × 100 = $250
機器設定時間	–	$5.00 × 50 = 250
合　　計	$3,000	$500

7.3 F 公司採用雙班制,第二班工作者,支付較高的工資;某年度 3 月 31 日支薪日,第二班直接人工時數 600 小時,係由於接受顧客之緊急訂單,無法於正常工作時間內完成,故另外加班 200 小時,按第二班工資率加給二分之一。F 公司對第二班人工記錄如下:

在製品 600 小時@12	7,200	
製造費用 200 小時@18	3,600	
應付工廠薪工		10,800

經查核 F 公司之薪工記錄,正常工資率每小時$10;另為經常性之機器維修,發生直接人工之閒置時間 10 小時。F 公司應如何記錄

上列人工作本?

	在製品	製造費用
(a)	$9,100	$1,700
(b)	$9,000	$1,800
(c)	$8,000	$2,800
(d)	$7,900	$3,900

解: (a)

	在製品	製造費用
正常及加班時間 (600 + 200 − 10)	@$10 × 790 = $7,900	−
加班津貼	@$6 × 200 = 1,200*	−
輪班津貼	−	$2 × 800 = $1,600
閒置時間	−	$10 × 10 = 100
合　計	$9,100	$1,700

*為緊急訂單而加班之津貼，應歸由該特定訂單單獨負擔。

下列資料用於解答第 7.4 題及第 7.5 題之根據:

P 公司 19A 年 5 月 31 日止之當月份工廠薪工$16,000，人工成本分配如下:

直接人工:		
正常工作時數: 800 小時@$15.00	$12,000	
加班時數: 100 小時@$22.50	2,250	
間接人工	1,750	$16,000

計時卡歸類為直接人工時數者，計有下列各項:

正常生產作業時數	820	
閒置時間 — 等待分派工作時間 (正常性)	40	
瑕疵品整修工作 (正常性)	40	900

員工休假及假期給與，按工廠薪工總額 5%，預計攤入產品成本；又加班津貼係屬經常性成本。

7.4 P 公司 19A 年 5 月份，記錄為在製品 (在製人工)之直接人工成本，應為若干？

(a)$13,500

(b)$13,050

(c)$13,000

(d)$12,300

解：(d)

應記錄為在製品之直接人工成本，計算如下：

			在製品
正常時數	800		
加班時數	100		
總時數		900	
減：閒置時間		(40)	
瑕疵品整修工作		(40)	
		820	@$15=$12,300

7.5 P 公司 19A 年 5 月份，記錄為製造費用之人工成本，應為若干？

(a)$4,500

(b)$3,700

(c)$2,950

(d)$2,350

解：(a)

	製造費用
加班津貼：100 小時@$7.50	$ 750
閒置時間：40 小時@$15.00	600
瑕疵品整修工作：40 小時@$15.00	600
間接人工成本	1,750
休假及假期給與：$16,000 × 5%	800
合　計	$4,500

7.6　某甲 19A 年在 X 製造公司工作 50 週，共得薪工$200,000；此外，另獲得 2 週之假期，薪工照付；休假及假期給予，均於每週支薪時，按期提列，並借記製造費用帳戶。

X 公司每週應為某甲提列休假及假期給與若干？

(a)$200

(b)$160

(c)$120

(d)$100

解：(b)

$\$200,000 \div 50 = \$4,000$（某甲每週薪工）

$\$4,000 \times 2 = \$8,000$（某甲每年休假及假期給與）

$\$8,000 \div 50 = \$160$（每週應為某甲提列休假及假期給與之數額）

7.7　Z 公司雇用工人 120 人，每週工作 40 小時，每年工作 50 週，依照現行退休金辦法，預計有工人 70 名於工作 25 年後，將取得此項退休金。又進一步估計在 10 年間，平均每人每月支付退休金$100；該公司對於退休金，每年均預先包括於製造費用預計分攤率之內，攤入製造費用，轉由產品分擔。

Z 公司對於退休金成本之製造費用預計分攤率，應為若干？

(a)$0.10

(b)$0.12

(c)$0.14

(d)$0.15

解：(c)

每人每年工作時數：$40 \times 50 = 2,000$（小時）

全廠工人每年工作時數：$2,000 \times 120 = 240,000$（小時）

25 年間全廠工人工作時數: $240,000 \times 25 = 6,000,000$（小時）

平均每人全年退休金: $\$100 \times 12 = \$1,200$

70 名工人每年退休金: $\$1,200 \times 70 = \$84,000$

70 名工人十年間退休金: $\$84,000 \times 10 = \$840,000$

每小時退休金分攤率: $\$840,000 \div 6,000,000 = \$0.14$

7.8 T 公司工人每月工資$480,000，於發生之當月份給付。年終時照例加發一個月工資之獎金。此項獎金通常包括於製造費用預計分攤率之內，透過製造費用之預計分攤，計入產品。

T 公司每月獎金$40,000 應作之分錄如何？

	借　方	貸　方
(a)	製造費用	工廠薪工
(b)	製造費用	應付估計員工獎金
(c)	在製品	應付估計員工獎金
(d)	在製品	工廠薪工

解: (b)

每月獎金應作之分錄如下:

製造費用	40,000	
應付估計員工獎金		40,000

$\$480,000 \div 12 = \$40,000$

此外，每月工資之分錄如下:

在製品	480,000	
工廠薪工		480,000

計算題

7.1 華強公司星期一至星期五，每週工作五天，每天平均薪資$5,000，包括直接人工$3,000，間接人工$1,000，銷售及管理部門薪工$1,000；薪資於每二星期之星期五發放；應扣稅款如下：

1.代扣薪資所得稅，假設平均稅率 10%。
2.失業保險，假定為 3%，由資方負擔。
3.健康及醫療保險，假定為 1%，勞資雙方均攤。
4.勞工傷害賠償保險，假定為 1%，由資方負擔。

另悉 19A 年 8 月份之薪資發放日為 11 日及 25 日。

試求：

(a) 8 月 1 日迴轉分錄。
(b) 8 月 11 日及 8 月 25 日支薪分錄。
(c) 8 月 31 日調整分錄及人工成本分配之分錄。

解：

19A 年 8 月份

一	二	三	四	五	六	日
7/31	8/1	2	3	4	5	6
7	8	9	10	⑪	12	13
14	15	16	17	18	19	20
21	22	23	24	㉕	26	27
28	29	30	31			

人工成本分配如下：

	直接人工	間接人工	銷管部門薪工	合 計
7 月 31 日	$(3,000)	$(1,000)	$(1,000)	$ (5,000)
8 月 11 日	30,000	10,000	10,000	50,000
8 月 25 日	30,000	10,000	10,000	50,000
8 月 31 日	12,000	4,000	4,000	20,000
合 計	$69,000	$23,000	$23,000	$115,000

項 目	8 月11 日	8 月 25 日	直接人工	間接人工	銷管部門薪工
	$50,000	$50,000	$69,000	$23,000	$23,000
	代扣款		製造費用		銷管費用
薪工所得稅: 10%	$5,000	$5,000	–	–	–
失業保險: 3%	–	–	$2,070	$ 690	$690
健康及醫療保險: 0.5%	250	250	345	115	115
勞工傷害賠償保險: 1%	–	–	690	230	–
			$3,105	$ 1,035	$805
			1,035	(1,035)	–
合 計			$4,140	–	$805

(a) 8/1迴轉分錄:

應付薪工	5,000	
工廠薪工		4,000
銷管部門薪工		1,000

(b)(1) 8/11 支付薪工分錄:

工廠薪工	40,000	
銷管部門薪工	10,000	
應付代扣薪資所得稅		5,000
應付健康及醫療保險		250
應付憑單		44,750

應付憑單	44,750	
現金		44,750

(2) 8/25 支付薪工分錄:

工廠薪工	40,000	
銷管部門薪工	10,000	
應付代扣薪資所得稅		5,000
應付健康及醫療保險		250
應付憑單		44,750
應付憑單	44,750	
現金		44,750

(c)(1)調整分錄:

工廠薪工	16,000	
銷管部門薪工	4,000	
應付薪工		20,000

(2)人工成本分配之分錄:

在製品	69,000	
製造費用(間接人工)	23,000	
製造費用(人工相關成本)	4,140	
銷管費用	23,000	
銷管費用(人工相關成本)	805	
工廠薪工		92,000
銷管部門薪工		23,000
應付失業保險		3,450
應付健康及醫療保險		575
應付勞工傷害賠償保險		920

7.2 新興公司於每月月底記錄所有人工成本; 19A 年 11 月 30 日有關人

工之資料如下:

直接人工	$120,000
間接人工	36,000
銷管部門薪工	24,000
合　　計	$180,000

其他代扣款之資料如下:

1.代扣薪資所得稅, 假設平均稅率為 10%。

2.失業保險, 假定為 3%, 由資方負擔。

3.勞工傷害賠償保險, 假定為 1%, 由資方負擔。

4.提列員工退休金計劃 5%, 由資方負擔。

5.提列員工年終獎金十二分之一。

6.提列員工休假及假期給與 6%。

試求: 請列示 19A 年 11 月 30 日有關人工成本之各項分錄。

解:

項　　目	11 月 30 日	直接人工	間接人工	銷管部門薪工	合　　計
	$180,000	$120,000	$36,000	$24,000	–
	代扣款	製造費用		銷管費用	–
薪資所得稅: 10%	$18,000	–	–	–	$18,000
失業保險: 3%	–	$ 3,600	$ 1,080	$ 720	5,400
勞工傷害賠償保險: 0.5%	–	600	180	–	780
員工退休金計劃: 5%	–	6,000	1,800	1,200	9,000
員工年終獎金: 1/12	–	10,000	3,000	2,000	15,000
員工休假及假期給與: 6%	–	7,200	2,160	1,440	10,800
	$18,000	$27,400	$ 8,220	$5,360	$58,980
		8,220	(8,220)	–	–
合　　計	$18,000	$35,620	$ 0	$5,360	58,980

19A 年11 月 30 日

⑴支付薪工分錄:

科目	借方	貸方
工廠薪工	156,000	
銷管部門薪工	24,000	
應付代扣薪資所得稅		18,000
應付憑單		162,000
應付憑單	162,000	
現金		162,000

⑵人工成本分配之分錄:

科目	借方	貸方
在製品	120,000	
製造費用（間接人工）	36,000	
製造費用（人工相關成本）	35,620	
銷管費用	24,000	
銷管費用 (人工相關成本）	5,360	
工廠薪工		156,000
銷管部門薪工		24,000
應付失業保險		5,400
應付勞工傷害賠償保險		780
應付退休金		9,000
應付年終獎金		15,000
應付休假及假期給與		10,800

7.3 華新公司參加投標，供應齒輪配件 220,000 件，擬於下列期間內交貨:

1～6 月	100,000 件
7～12 月	120,000 件

如該公司得標，全廠將從事於此項產品之製造工作。

1～6 月應交貨 100,000 件，預計每件 4小時完成；7～12 月應交貨 120,000 件，其工作將比以前更有效率。如採用獎金辦法，鼓勵工人增加工作效率，將所節省人工部份，以一半作為員工獎金，預計 7～12 月應交貨的配件每件可節省工作時間 10%。計算節省工作時間，不包括加班津貼。該公司目前僱用工人 400 名，每小時基本工資$10，加班津貼為基本工資之 $\frac{1}{2}$， 工廠正常工作每週五天，每天 8 小時。每年6 月間，工人可休假二星期。此外，一年間共有國定假日六天，其生產計劃安排如下：

1～6 月，計 24 週，其中國定假日二天

7～12 月，計 26 週，其中國定假日四天

試求：請台端為該公司計算下列各項

(a)依正常工資率計算之工資。

(b)加班津貼。

(c)獎金給與。

(d)休假及假期給付。

(e)薪工稅（假設為工資之10%）。

解:

(a) 1–6月:

全部工作所需時間: 100,000@4小時		400,000 小時
正常工作時間: 24週@40小時 × 400	384,000 小時	
減: 國定假日: 2天@8小時 × 400	(6,400)小時	(377,600)小時
須加班時間		22,400 小時

7–12月:

完工一單位產品所需時間: 4小時 × 90% = 3.6 小時	
全部工作所需時間: 120,000 @3.6小時	432,000 小時

正常工作時間:	26週@40小時 × 400	416,000 小時	
減: 國定假日:	4天@8小時 × 400	(12,800)小時	(403,200)小時
須加班時間			28,800 小時

依正常工資率計算之工資:

1–6月份	400,000小時
7–12月份	432,000小時
	832,000小時

832,000 小時@$10 = $8,320,000

(b)加班津貼:

1–6月份	22,400小時
7–12月份	28,800小時
	51,200小時

51,200小時@$5 = $256,000

(c)獎金給與:

每單位產品工資: 4小時@10 = $40

預期可節省工資 10% = 4

可節省工資: 120,000單位@4 = $480,000

獎金給與: $\$480,000 \times \frac{1}{2} = \$240,000$

(d)休假及假期給付:

8小時×2 × 5 × 400	32,000小時
8小時×6 × 400	19,200小時
	51,200小時

51,200 小時@ 10 = $512,000

(e)薪工稅:

正常工資	$8,320,000
加班津貼	256,000
獎金給與	240,000
休假及假期給付	512,000
合　　計	$9,328,000

薪工稅: $\$9,328,000 \times 10\% = \$932,800$

7.4 華友製衣公司僱用工人 20 名，每週工作五天，每天工作 8 小時，每小時工資率$8，代扣所得稅 20%，失業保險 1.4%。

根據最近之生產報告指出，工人平均每天製作衣服 320 套，由於供不應求，公司經理決定自 5 月之第一星期起增加生產，每天工作增至 440 套。至 5 月23 日需求量恢復正常為止，惟 5 月 24日那天，由於意外事故發生，需工人五名暫停工作，以從事整修工作，當晚該五名工人各需加班一小時以維持正常工作量。

5 月 27 日公司另接受一批訂單 280 套，預定於次星期一交貨，決定 5 月 29 日 (星期天)需全日加班趕工，並支付 200% 之工資。

假設每週星期五為支薪日。

試求: 請記錄 5 月份有關人工成本之分錄。

解:

(a) 5 月 6 日之薪工分錄:

5 月份

一	二	三	四	五	六	日
						1
2	3	4	5	⑥	7	8
9	10	11	12	⑬	14	15
16	17	18	19	⑳	21	22
23	24	25	26	㉗	28	29
30	31					

每小時正常工作量: $\frac{320\text{套}}{8} = 40\text{套}$

每天應加班時間: $\frac{440\text{ 套} - 320\text{ 套}}{40\text{ 套}} = 3$（小時）

每人每週工作時間:

正常工作時間:		40小時
加班工作時間:	3 × 5 =	15小時
每人每週工作時間合計:		55小時

正常薪工: $8 × 55 × 20 = $ 8,800

加班津貼: $4 × 15 × 20 = $ 1,200

5 月份第一週之薪工合計: $10,000

5月 6日之分錄:

	借	貸
工廠薪工	10,000	
應付薪工		8,000
應付代扣薪工所得稅		2,000
在製品	8,800	
製造費用	1,340*	
工廠薪工		10,000
應付失業保險		140

*$1,200 + $140 = $1,340

5 月 13 日、 20 日之分錄與上述相同。

(b) 5 月27 日之分錄:

5 月 23 日正常工作時間: 8小時× 20 = 160小時

加班時間:	3 小時 ×20 =	60小時
5 月 24 日 – 5 月 27 日		
正常工作時間:	8 × 4 × 20 =	640小時
加班時間:	1 × 5 =	5小時
合　　計:		865小時
正常工資:	$8 × 865 =	$6,920
加班工資:	$4 × (60 + 5) =	260
合　　計:		$7,180

	借	貸
工廠薪工	7,180	
應付薪工		5,744
應付代扣薪工所得稅		1,436

	借	貸
在製品	6,920.00	
製造費用	360.52**	
工廠薪工		7,180.00
應付失業保險		100.52

** $260 + $100.52 = $360.52

(c) 5月 31 日之分錄:

5 月 29 日:

7小時(280 套 ÷ 40 套 = 7小時)

× 20 (人)

140 小時

$\$8 \times 200\% \times 140 = \$2,240$（正常時間及加班時間各半）

5 月 30 日 – 5 月 31 日:

$\$8 \times 8 \times 2 \times 20 =$ 　2,560

$4,800

	借	貸
工廠薪工	4,800	
應付薪工		4,800

7.5　福欣公司過帳後，有關人工成本在總分類帳上之記錄如下:

工廠薪工

12/15	5,000	12/1	1,000
12/30	6,000	12/31(3)	11,000
12/31(2)	1,000		

應付薪工

12/1	1,000	11/30	1,000
12/16	4,475	12/15	4,475
12/31(1)	5,370	12/30	5,370
		12/31(2)	1,000

應付勞工傷害賠償保險

		12/15	100
		12/30	120

在製人工

12/31(3)	7,000		

應付休假及假期給與

		12/15	200
		12/30	240

製造費用

12/15	475		
12/30	570		
12/31(3)	4,000		

應付失業保險

		12/15	150
		12/30	180

現　金

11/30	20,000	12/16	4,475
		12/31(1)	5,370

應付健康及醫療保險		
	12/15	25
	12/15	25
	12/30	30
	12/30	30

應付代扣薪資所得稅		
	12/15	500
	12/30	600

試求：請根據上列資料，列示 12 月份有關人工成本之各項分錄。

解：

(a) 12/1 迴轉分錄：

	借	貸
應付薪工	1,000	
工廠薪工		1,000

(b) 12/15 之分錄：

	借	貸
工廠薪工	5,000	
應付代扣薪資所得稅		500
應付健康及醫療保險		25
應付薪工		4,475
製造費用（人工相關成本）	475	
應付勞工傷害賠償保險		100
應付休假及假期給與		200
應付健康及醫療保險		25
應付失業保險		150

(c) 12/16 之分錄：

	借	貸
應付薪工	4,475	
現金		4,475

(d) 12/30 之分錄：

工廠薪工	6,000	
應付代扣薪資所得稅		600
應付健康及醫療保險		30
應付薪工		5,370
製造費用 (人工相關成本)	570	
應付勞工傷害賠償保險		120
應付休假及假期給與		240
應付健康及醫療保險		30
應付失業保險		180

(e) 12/31 之分錄:

應付薪工	5,370	
現金		5,370
工廠薪工	1,000	
應付薪工		1,000
在製人工	7,000	
製造費用	4,000	
工廠薪工		11,000

7.6 華府公司每二週付薪一次; 每週工作六天, 星期日除外。19A 年 7 月 31 日為星期五, 其應付薪工較月初超出$30,000。已知該公司每日薪工數額均固定不變; 其直接人工與間接人工之比例為 6:4; 7月份應支付薪工日期為 11 日及 25 日; 假定該公司付款採用應付憑單制度。

試求: 假定不考慮代扣稅款, 請列示該公司有關薪工之各項分錄, 包括月初的迴轉分錄在內。

解:

19A 年 7 月份

日	一	二	三	四	五	六
6/28	29	30	1	2	3	4
5	6	7	8	9	10	⑪
12	13	14	15	16	17	18
19	20	21	22	23	24	㉕
26	27	28	29	30	31	

(1) 7 月1 日之迴轉分錄:

應付薪工	20,000	
工廠薪工		20,000

*每日薪工固定為$10,000。

(2) 7 月11 日付薪分錄:

工廠薪工	120,000	
應付憑單		120,000
應付憑單	120,000	
現金		120,000

(3) 7 月25 日付薪分錄:

工廠薪工	120,000	
應付憑單		120,000
應付憑單	120,000	
現金		120,000

(4) 7 月31 日調整分錄:

工廠薪工	50,000	
應付薪工		50,000

⑸薪工分配分錄:

在製人工	162,000	
製造費用	108,000	
工廠薪工		270,000

人工成本分配如下:

	直接人工	間接人工	合　計
7 月　1 日	$(12,000)	$ (8,000)	$ (20,000)
7 月 11 日	72,000	48,000	120,000
7 月 25 日	72,000	48,000	120,000
7 月 31 日	30,000	20,000	50,000
合　　計	$162,000	$108,000	$270,000

7.7 華南公司的工會代表張君提出異議，認為該公司薪工部於上星期將若干工人的工資誤計。上星期有關工人的工資資料如下:

工人姓名	獎勵辦法	工作總時數	閒置時間	實際產量	標準產量	基本工資率	帳列工資總額
丁一	計件工資	40	5	400	–	$6.00	$284.00
林二	計件工資	46	–	455*	–	6.00	277.20
張三	計件工資	44	4	420**	–	6.00	302.20
李四	百分率獎金制度	40	–	250	200	6.00	280.00
王五	百分率獎金制度	40	–	180	200	5.00	171.00
劉六	艾默生獎工制度	40	–	240	300	5.60	233.20
趙七	艾默生獎工制度	40	2	590	600***	5.60	280.00

* 包括45 件，係於 6 小時之加班時間內生產者。

** 包括 50 件，係於 4 小時之加班時間內生產者。加班之原因，係由於閒置時間所引起，故必須趕工，俾能於限期內完成。

*** 40 小時之標準產量。

根據工會與華南公司契約之規定，該公司各部門薪工，均應按照下列辦法計算：每一工人之基本工資率即為其正常工資；凡由於機器修理或缺乏工作之原因，而引起閒置時間者，工資仍應照付。每週工作時間超過 40 小時標準工作時間所為的加班，應按基本工資率之 150% 計付。

其他補充資料如下：

1.計件工資：實際產量每件按$0.66 計算。

2.百分率獎金制度：由工程部門制定每小時標準產量；此項標準產量係由所有工人之工作時數與產量的平均數求得之；根據每一工人實際產量與標準產量的比例關係，以計算其效率比率 (efficiency ratios)，再將效率比率乘以基本工資率及正常工作時數，求得獎金數額。

3.艾默生獎工辦法 (Emerson Efficiency)：按工作總時數計算正常工資。當工人實際產量達到標準產量之 $66\frac{2}{3}\%$ 時，即按下列獎工制度計算獎金；惟獎金率僅適用於具有生產性的工作時數。

效　　率	獎　　金
$66\frac{2}{3}\%$ 以下	-0-
$66\frac{2}{3}\% - 79\%$	10%
$80\% - 99\%$	20%
$100\% - 125\%$	45%

試求：請按各種不同計算工資的辦法，列表計算每一工人工資少計的數額。

（美國會計師考試試題）

解：

計　件　工　資

	丁　一	林　二	張　三
實際產量—正常時間	400	410 [1]	370 [2]
計件工資率	$ 0.66	$ 0.66	$ 0.66
計件工資（正常工資）	$264.00	$270.60	$244.20
閒置時間工資	30.00	0	24.00
加班工資	0	54.00 [3]	36.00 [4]
工資合計	$294.00	$324.60	$304.20
帳列工資	284.00	277.20	302.20
工資少計	$ 10.00	$ 47.40	$ 2.00

(1) $455 - 45 = 410$

(2) $420 - 50 = 370$

(3) $\$6 \times 6 \times 150\% = \$54$

(4) $\$6 \times 4 \times 150\% = \$36$

百分率獎金制度

	李　四	王　五
實際產量	250	180
標準產量	200	200
效率比率	125%	90%
正常工資	$240.00 [1]	$200.00 [2]
獎　　金	60.00 [3]	0
工資合計	$300.00	$200.00
帳列工資	280.00	171.00
工資少計	$ 20.00	$ 29.00

(1) $\$6 \times 40 = \$240$

(2) $\$5 \times 40 = \$200$

(3) $\$240 \times 25\% = \$60$ 或

$\$6 \times 25\% \times 40 = \$60$

艾默生獎工制度

	劉　六	趙　七
實際產量	240	590
標準產量	300	570 (1)
效率比率	80%	103.5%
獎金率	20%	45%
正常工資	$224.00 (2)	$212.80 (3)
獎金工資	44.80 (4)	95.76 (5)
閒置時間工資 = $5.60 × 2	−	11.20
工資合計	$268.80	$319.76
帳列工資	233.20	280.00
工資少計	$ 35.60	$ 39.76

(1)每小時標準產量: $\frac{600}{40} = 15$（單位）

38 小時之標準產量: $15 \times 38 = 570$（單位）

(2) $\$5.60 \times 40 = \$224.00$

(3) $\$5.60 \times 38 = \$212.80$

(4) $\$224 \times 20\% = \$44.80$

(5) $\$212.80 \times 45\% = \$95.76$

第八章　製造費用（上）

選擇題

8.1　T公司在正常營運水準下，最高及最低之製造費用預算如下：

產　　量	製造費用
15,000單位	$80,000
10,000單位	70,000

T 公司在產量 10,000 單位時之每單位變動成本及固定成本，各為若干？

	變動成本	固定成本
(a)	$2.00	$4.00
(b)	$2.00	$5.00
(c)	$2.50	$5.00
(d)	$3.00	$5.50

解：(b)

產　量	製造費用預算
15,000	$80,000
10,000	70,000
5,000	$10,000

每單位變動成本 $= \$10,000 \div 5,000 = \$2$

固定成本 $= \$70,000 - \$2 \times 10,000 = \$50,000$

產量 10,000 單位時之單位固定成本 $= \$50,000 \div 10,000 = \$5$

下列資料為解答第 8.2 題至第 8.4 題之根據:

N 公司 19A 年度有關製造費用之預算資料如下:

	變動製造費用	固定製造費用
間接材料	$ 26,000	
間接人工	90,000	
電　力		$ 18,000
保險費		22,500
工廠租金		45,000
折舊（直線法）		44,500
合　　計	$116,000	$130,000

其他預算資料如下:

直接人工時數	30,000
直接人工成本	$200,000
機器工作時數	25,000

8.2 N 公司採用直接人工時數基礎，為計算製造費用預計分攤率之根據，其製造費用預計分攤率應為若干？

	製造費用預計分攤率
(a)	$10.00
(b)	$9.20
(c)	$8.20
(d)	$7.00

解: (c)

$$\text{製造費用預計分攤率} = \frac{\$246,000}{30,000} = \$8.20$$

8.3　N 公司採用直接人工成本基礎，為計算製造費用預計分攤率之根據，其製造費用預計分攤率應為若干？

	製造費用預計分攤率
(a)	100%
(b)	110%
(c)	120%
(d)	123%

解：(d)

$$製造費用預計分攤率 = \frac{\$246,000}{\$200,000} = 123\%$$

8.4　N 公司採用機器工作時數基礎，並分別計算變動及固定製造費用預計分攤率，其製造費用預計分攤率應為若干？

	製造費用預計分攤率	
	變　動	固　定
(a)	\$4.50	\$4.90
(b)	\$4.60	\$5.00
(c)	\$4.64	\$5.00
(d)	\$4.64	\$5.20

解：(d)

	變　動	固　定
製造費用	\$116,000	\$130,000
機器工作時數	25,000	25,000
預計分攤率	\$4.64	\$5.20

8.5　F 公司按直接人工時數基礎，計算製造費用預計分攤率； 1997 年，正常營運水準之直接人工時數 140,000 小時，製造費用預算數為 \$1,050,000。該公司採用分批成本會計制度，成本單 #101 完工產品

300 件，需耗用直接人工 480 小時；成本單#101 應分攤製造費用若干？

(a)$3,600

(b)$3,550

(c)$3,500

(d)$3,450

解：(a)

直接人工每小時製造費用預計分攤率 $= \dfrac{\$1,050,000}{140,000} = \$7.50$

成本單#101 應攤製造費用 $= \$7.50 \times 480 = \$3,600$

8.6 M 公司生產下列二種不同型式之洋傘：

	標準型	豪華型
預計產量	12,000	10,000
每單位耗用直接人工時數	2	3

M 公司製造費用預算為$540,000。二種不同型式之產品，其製造費用預計分攤率，如採用直接人工時數基礎時，各為若干？

	標準型	豪華型
(a)	$30	$20
(b)	$25	$25
(c)	$20	$30
(d)	$15	$35

解：(c)

	標準型	豪華型	合　計
預計產量	12,000	10,000	−
每單位耗用直接人工時數	2	3	−
耗用直接人工	24,000	30,000	54,000

每直接人工小時製造費用預計分攤率 $= \dfrac{\$540,000}{54,000} = \$10$

產品應攤製造費用:

標準型: $\$10 \times 2 = \$20$

豪華型: $\$10 \times 3 = \$30$

8.7 T 公司主要之製造費用包括間接材料、間接人工及電力三項; 該公司已設定下列公式, 並按機器工作時數基礎, 為預計每月份製造費用之根據。

間接原料: $\$9,000 + \$8x$
間接人工: $\$4,000 + \$6x$
電　　力: $\$2,500 + \$2x$

假定 M 公司 19A 年 1 月份, 機器工作時數預計為 2,000 小時; M 公司 1 月份變動及固定製造費用預算分別為若干?

	變動製造費用	固定製造費用
(a)	$33,000	$16,000
(b)	$32,000	$15,500
(c)	$31,000	$15,000
(d)	$30,000	$14,500

解: (b)

		變動製造費用	固定製造費用
間接材料	$\$8 \times 2,000 =$	$16,000	$ 9,000
間接人工	$6 \times 2,000 =$	12,000	4,000
電　　力	$2 \times 2,000 =$	4,000	2,500
合　　計		$32,000	$15,500

8.8 P 公司按機器工作時數為計算製造費用之基礎; 有關資料如下:

機器工作時數 6,000 小時之變動製造費用	$48,000
機器工作時數 7,000 小時之變動製造費用	56,000
機器工作時數 6,000 至 10,000 小時之固定製造費用	48,000

P公司變動製造費用預計分攤率應為若干？

(a)$8.00

(b)$7.50

(c)$7.00

(d)$6.50

解：(a)

機器工作時數	變動製造費用
7,000	$56,000
6,000	48,000
1,000	$ 8,000

變動製造費用預計分攤率 $= \frac{\$8,000}{1,000} = \$8$

8.9 L 公司之管理者，過於樂觀，預計每年生產單一產品 10,000 件，其固定及變動製造費用預算，分別為$240,000 及$200,000。預測 19A 年正常營運水準為 6,000 件，並假定固定製造費用無法減少。L 公司 19A 年度製造費用預計分攤率，應為若干？

(a)$45

(b)$50

(c)$55

(d)$60

解：(d)

製造費用預計分攤率，通常均按正常營運水準為準，於年度開始之前，即予設定；因此，L 公司19A 年度製造費用預計分攤率，應計算如下：

	100%	60%
產能（件）	10,000	6,000
變動成本	$200,000	$120,000
固定成本	240,000	240,000
合　　計	$440,000	$360,000

$$19A\text{ 年度製造費用預計分攤率} = \frac{\$360,000}{6,000} = \$60$$

8.10 B 公司將廠務部製造費用，直接分配至各製造部，而不分攤至各受益之廠務部； 1997 年 6 月份之各項資料如下：

	廠務部	
	維　護　部	工廠辦公室
製造費用：	$50,000	$25,000
受益百分率：		
維護部	–	20%
工廠辦公室	20%	–
A 製造部	40%	20%
B 製造部	40%	60%
合　　計	100%	100%

1997 年6 月份，維護部製造費用分配至 A 製造部之金額，應為若干？

(a)$20,000

(b)$22,000

(c)$25,000

(d)$27,500

解: (c)

各廠務部所發生之製造費用，為各製造部生產成本之一部份；因此，各廠務部之製造費用，應攤入各製造部門，以計算製造費用預計分攤率，或實際製造費用之用。在本題中，維護部製造費用不攤入工廠辦公室，故攤入 A製造部的製造費用，可計算如下：

$$維護部製造費用 \times \frac{A製造部受益百分率}{各製造部受益百分率合計}$$

$$= \$50,000 \times \frac{40\%}{40\%+40\%} = \$25,000$$

8.11 D 公司準備編製 1998 年之彈性預算，下列各項資料為甲製造部在最高產能之下的預算數：

	最高產能
直接人工時數	60,000
變動製造費用	$180,000
固定製造費用	$240,000

假定 D 公司正常產能為最高產能之80%；在正常產能之下，按直接人工時數為基礎，之單一製造費用預計分攤率，應為若干？

(a)$6.40

(b)$7.00

(c)$8.00

(d)$9.00

解: (c)

	最高產能 (100%)	正常產能 (80%)
變動製造費用	$180,000	$144,000
固定製造費用	240,000	240,000
合　　計	$420,000	$384,000

正常產能 (80%) 之製造費用預計分攤率 $= \dfrac{\$384,000}{48,000^*}$

$= \$8.00$

$*60,000 \times 80\% = 48,000$

8.12 在計算製造費用預計分攤率時，下列那一項為計算公式之分子？那一項為計算公式之分母？

	分　子	分　母
(a)	實際製造費用	實際機器工作時數
(b)	實際製造費用	預計機器工作時數
(c)	預計製造費用	實際機器工作時數
(d)	預計製造費用	預計機器工作時數

解：(d)

製造費用預計分攤率的計算，係以預計製造費用，被衡量生產能量的基礎除之；衡量生產能量的基礎，一般有直接人工時數、直接人工成本、機器工作時數、主要成本、及直接原料成本等。故本題內計算預計分攤率之公式如下：

$$製造費用預計分攤率 = \frac{預計製造費用}{預計機器工作時數}$$

計算題

8.1 大明公司有甲乙丙三個製造部， 19A 年各部門計算製造費用預計分攤率之各項資料如下：

製造部	機器工作時數	直接人工時數	直接人工成本	製造費用
甲	2,500	5,000	$ 50,000	$ 30,000
乙	2,500	4,000	50,000	30,000
丙	5,000	6,000	80,000	60,000
合　計	10,000	15,000	$180,000	$120,000

該公司接受大一公司某批訂單，需耗用下列各項成本：

製造部	直接材料	直接人工成本	機器工作時數	直接人工時數
甲	$2,000	$1,000	300	300
乙	2,000	600	300	200
丙	3,000	2,000	400	500
合　計	$7,000	$3,600	1,000	1,000

試求：

(a)請按下列三種基礎，計算全廠單一及部門別製造費用預計分攤率：

(1)機器工作時數基礎。

(2)直接人工時數基礎。

(3)直接人工成本基礎。

(b)請按各部門別製造費用預計分攤率，計算在三種不同基礎之下，大一公司訂單之成本。

(c)假設銷貨毛利為銷貨收入之 40%，接受大一公司訂單之售價，如按三種不同基礎，其售價應為若干？

解：

(a)全廠單一之製造費用預計分攤率：

	機器工作時數基礎	直接人工時數基礎	直接人工成本基礎
製造費用	$120,000	$120,000	$120,000
機器工作時數	10,000		
直接人工時數		15,000	
直接人工成本			$180,000

單一製造費用預計分攤率:

每機器工作小時分攤率: $12.00

每直接人工小時分攤率: $8.00

每元直接人工成本分攤率: $0.6666

部門別製造費用預計分攤率:

	甲製造部	乙製造部	丙製造部
製造費用	$30,000	$30,000	$60,000
機器工作時數	2,500	2,500	5,000
直接人工時數	5,000	4,000	6,000
直接人工成本	$50,000	$50,000	$80,000
分攤率:			
機器工作每小時分攤率	$ 12.00	$ 12.00	$ 12.00
直接人工每小時分攤率	$ 6.00	$ 7.50	$ 10.00
直接人工成本每元分攤率	$ 0.60	$ 0.60	$ 0.75

(b)接受大一公司之訂單成本:

機器工作時數基礎:

	甲製造部	乙製造部	丙製造部	合　計
直接原料	$2,000	$2,000	$3,000	$ 7,000
直接人工	1,000	600	2,000	3,600
製造費用*	3,600	3,600	4,800	12,000
合　計	$6,600	$6,200	$9,800	$22,600

直接人工時數基礎:

	甲製造部	乙製造部	丙製造部	合　計
直接原料	$2,000	$2,000	$ 3,000	$ 7,000
直接人工	1,000	600	2,000	3,600
製造費用**	1,800	1,500	5,000	8,300
合　計	$4,800	$4,100	$10,000	$18,900

直接人工成本基礎:

	甲製造部	乙製造部	丙製造部	合　計
直接原料	$2,000	$2,000	$3,000	$ 7,000
直接人工	1,000	600	2,000	3,600
製造費用***	600	360	1,500	2,460
合　計	$3,600	$2,960	$6,500	$13,060

	甲製造部	乙製造部	丙製造部
*機器工作時數基礎:	$\$12 \times 300 = \$3,600$	$\$12 \times 300 = \$3,600$	$\$12 \times 400 = \$4,800$
**直接人工時數基礎:	$\$6 \times 300 = \$1,800$	$\$7.50 \times 200 = \$1,500$	$\$10 \times 500 = \$5,000$
***直接人工成本基礎:	$\$1,000 \times 0.60 = \$600$	$\$600 \times 0.60 = \$360$	$\$2,000 \times 0.75 = \$1,500$

(c)大一公司訂單售價:

	機器工作時數基礎	直接人工時數基礎	直接人工成本基礎
銷貨成本	$22,600.00	$18,900.00	$13,060.00
成本率	60%	60%	60%
銷貨收入(售價)	$37,666.67	$31,500.00	$21,766.67

8.2 大有公司有機器部、裝配部二個製造部及工廠辦公室一個廠務部。按實質生產能量之有關資料如下:

	工廠辦公室	機器部	裝配部	合　計
直接部門費用	$38,000	$92,000	$50,000	$180,000
間接部門費用(廠房維持費)				20,000

其他可應用之各項基礎如下:

	工廠辦公室	機器部	裝配部	合　計
直接人工成本	–	$40,000	$120,000	$160,000
佔地面積(坪)	100	400	500	1,000

廠房維持費按各部門佔地面積比例分配。

工廠辦公室費用按直接人工成本比例分配至各製造部。

又知機器部共有機器 10 部，每年工作 290 天，每天工作 8 小時；預計每部機器閒置時間約 120 小時，包括機器之保養、修理、及清潔等不可避免之停工時間。

試求：請編製製造費用預算分配表，並計算製造費用預計分攤率，假設機器部採用機器工作時數基礎，裝配部採用直接人工成本基礎。

解：

機器工作小時：

全部工作時間：	8 小時 × 290 × 10	23,200 小時
減：機器休閒時間：	120 小時 × 10	1,200 小時
		22,000 小時

大 有 公 司

製造費用預算分配及預計分攤率計算表

費用項目	分攤基礎	工廠辦公室	機器部	裝配部	合　計
直接部門費用	－	$ 38,000	$ 92,000	$50,000	$180,000
間接部門費用：					
廠房維持費*	佔地面積	2,000	8,000	10,000	20,000
		$ 40,000	$100,000	$60,000	$200,000
工廠辦公室費用**	直接人工成本	(40,000)	10,000	30,000	－
			$110,000	$90,000	$200,000
預計分攤率：					
機器工作小時			$22,000		
直接人工成本				$120,000	
每一機器小時分攤率			$5.00		
每元直接人工成本分攤率				$0.75	

$$*\$20,000 \times \frac{100}{1,000} \doteq \$2,000$$

$$\$20,000 \times \frac{400}{1,000} = \$8,000$$

$$\$20,000 \times \frac{500}{1,000} = \$10,000$$

$$**\$40,000 \times \frac{40,000}{160,000} = \$10,000$$

$$\$40,000 \times \frac{120,000}{160,000} = \$30,000$$

8.3 大誠公司有甲乙丙三製造部及一修理部。直接部門費用如下:

	甲製造部	乙製造部	丙製造部	修理部
間接人工:	$100,000	$30,000	$10,000	$30,000
物　　料:	5,000	5,000	20,000	10,000
	$105,000	$35,000	$30,000	$40,000

其他應由各部門分攤之製造費用預算如下:

稅捐包括:		
機器設備	$1,200	
廠房設備	2,400	$3,600
意外及傷害保險		6,500
動　　力		5,000
燈光及熱力		8,000
折舊—廠房設備		6,400
折舊—機器設備		6,000

又各項費用分攤之標準如下:

	甲製造部	乙製造部	丙製造部	修理部
佔地面積(坪)	500	2,000	500	1,000
機器設備價值:	$200,000	$ 50,000	$150,000	$200,000
直接人工成本:	–	120,000	50,000	130,000
意外及傷害賠償保險*	2%	1%	1%	1.5%
馬力數:	10	20	10	10

*按人工成本(包括直接及間接人工成本)計算。

試求：請為大誠公司編製製造費用預算分配表。

解：

大　誠　公　司
製造費用預算分配表

費用項目	分攤基礎	修理部	甲製造部	乙製造部	丙製造部	合　計
直接部門費用:						
間接人工	—	$30,000	$100,000	$30,000	$10,000	$170,000
物　　料	—	10,000	5,000	5,000	20,000	40,000
間接部門費用:						
稅捐－機器設備	機器設備價值	400	400	100	300	1,200
稅捐－廠房設備	佔地面積	600	300	1,200	300	2,400
意外及傷害保險	人工成本百分率	2,400	2,000	1,500	600	6,500
動力費	馬力數	1,000	1,000	2,000	1,000	5,000
燈光及熱力	佔地面積	2,000	1,000	4,000	1,000	8,000
折舊－機器設備	機器設備價值	2,000	2,000	500	1,500	6,000
折舊－廠房設備	廠房設備價值	1,600	800	3,200	800	6,400
合　　計		$50,000	$112,500	$47,500	$35,500	$245,500

費用項目	修　理　部	甲　製　造　部
稅捐:		
機器設備	$\$1,200 \times \frac{200,000}{600,000} = \$400$	$\$1,200 \times \frac{200,000}{600,000} = \$400$
廠房設備	$2,400 \times \frac{1,000}{4,000} = 600$	$2,400 \times \frac{500}{4,000} = 300$
意外及傷害保險	$(130,000 + 30,000) \times 1.5\% = 2,400$	$100,000 \times 2\% = 2,000$
動力費	$5,000 \times \frac{10}{50} = 1,000$	$5,000 \times \frac{10}{50} = 1,000$
燈光及熱力	$8,000 \times \frac{1,000}{4,000} = 2,000$	$8,000 \times \frac{500}{4,000} = 1,000$
折舊－廠房設備	$6,000 \times \frac{200,000}{600,000} = 2,000$	$6,000 \times \frac{200,000}{600,000} = 2,000$
折舊－機器設備	$6,400 \times \frac{1,000}{4,000} = 1,600$	$6,400 \times \frac{500}{4,000} = 800$

費用項目	乙製造部	丙製造部
稅捐:		
機器設備	$\$1,200 \times \frac{50,000}{600,000} = \$100$	$\$1,200 \times \frac{150,000}{600,000} = \$300$
廠房設備	$2,400 \times \frac{2,000}{4,000} = 1,200$	$2,400 \times \frac{500}{4,000} = 300$
意外及傷害保險	$(120,000 + 30,000) \times 1\% = 1,500$	$(50,000 + 10,000) \times 1\% = 600$
動力費	$5,000 \times \frac{20}{50} = 2,000$	$5,000 \times \frac{10}{50} = 1,000$
燈光及熱力	$8,000 \times \frac{2,000}{4,000} = 4,000$	$8,000 \times \frac{500}{4,000} = 1,000$
折舊－廠房設備	$6,000 \times \frac{50,000}{600,000} = 500$	$6,000 \times \frac{150,000}{600,000} = 1,500$
折舊－機器設備	$6,400 \times \frac{2,000}{4,000} = 3,200$	$6,400 \times \frac{500}{4,000} = 800$

8.4 大南公司有甲、乙、丙三個製造部，預計各部門 19A 年度之有關數字如下:

部門別	製造費用	直接人工時數	直接人工成本	機器工作時數
甲	$10,000	15,000	$ 24,000	9,000
乙	12,000	50,000	75,000	5,000
丙	16,000	40,000	60,000	2,000
合　計	$38,000	105,000	$159,000	16,000

成本單#5001 之成本如下:

	甲製造部	乙製造部	丙製造部
直接材料成本	$3,000	$2,000	0
直接人工成本	2,000	5,000	$4,000
直接人工時數	1,250	3,000	2,500

試求:

(a)應用三種不同之基礎，計算全廠單一之製造費用預計分攤率。

(b)按部門別，計算三種不同基礎之製造費用預計分攤率。

(c)按下列二種情形，計算成本單#5001 之分批成本。

(1)按直接人工時數基礎所求得全廠單一之製造費用預計分攤率計算。

(2)按直接人工時數基礎所求得部門別之製造費用預計分攤率計算。

解:

(a)直接人工時數法:

每小時分攤率: $\dfrac{\$38,000}{105,000} = \$0.3619$

直接人工成本法:

每元直接人工成本分攤率: $\dfrac{\$38,000}{\$159,000} \times 100\% = 23.9\%$

機器工作時數法:

每機器小時分攤率 $= \dfrac{\$38,000}{16,000} = \$2.375$

(b)

	甲製造部	乙製造部	丙製造部
直接人工時數法:			
每小時分攤率	$\dfrac{\$10,000}{15,000} = \$0.66\dfrac{2}{3}$	$\dfrac{\$12,000}{50,000} = \$0.24$	$\dfrac{\$16,000}{40,000} = \$0.40$
直接人工成本法:			
每元直接人工成本分攤率	$\dfrac{\$10,000}{\$24,000} \times 100\% = 41.67\%$	$\dfrac{\$12,000}{\$75,000} \times 100\% = 16\%$	$\dfrac{\$16,000}{\$60,000} \times 100\% = 26.67\%$
機器工作時數法:			
每小時分攤率	$\dfrac{\$10,000}{9,000} = \$1.11$	$\dfrac{\$12,000}{5,000} = \$2.40$	$\dfrac{\$16,000}{2,000} = \$8.00$

(c)(1)

	甲製造部	乙製造部	丙製造部	合　計
直接原料	$3,000.00	$2,000.00	$　0.00	$ 5,000.00
直接人工	2,000.00	5,000.00	4,000.00	11,000.00
製造費用	–	–	–	2,442.83*
合　計				$18,442.83

$*\$0.3619 \times (1,250 + 3,000 + 2,500) = \$2,442.83$

(2)

	甲製造部	乙製造部	丙製造部	合　計
直接原料	$3,000.00	$2,000.00	$　0.00	$ 5,000.00
直接人工	2,000.00	5,000.00	4,000.00	11,000.00
製造費用:				
$\$0.66\frac{2}{3} \times 1,250$	833.33	–	–	833.33
$\$0.24 \times 3,000$	–	720.00	–	720.00
$\$0.40 \times 2,500$	–	–	1,000.00	1,000.00
合　計	$5,833.33	$7,720.00	$5,000.00	$18,553.33

8.5 大華公司正在編製一項製造費用預算，作為所屬機器部設定製造費用預計分攤之根據。有關資料如下:

1.機器部採用單班制，每週工作 40 小時，每年工作 50 週（全年休假及例假總共 2 週工廠停止作業）。

2.該部門擁有機器 3 部，每一機器配有一位操作員，每小時基本工資率$5。每一操作員休假及假期中，仍可按二週共 80 小時計算工資。

3.在正常情況下，每部機器每年因保養或其他無可避免之閒置時間為 100 小時。在閒置時間內，機器操作員仍按基本工資率支薪。

4.機器部監工每年薪資$13,000。

5.薪工稅及其他員工福利平均為工資之 20%。

6.除上述人工及其相關成本外，直接部門之製造費用每年合計$15,000;

一般製造費用攤入機器部者全年為$6,630。

7.機器部按實質生產能量為基礎，計算每一機器小時預計分攤率。

試求：請計算下列各項

(a)全部機器工作時數之實質生產能量。

(b)全年度薪工預算總額。

(c)在實質生產能量下，機器部全年度製造費用預算數。

(d)製造費用預計分攤率。

解：

(a)全部機器工作時數之實質生產能量：

最高生產能量： $52 \times 40 \times 3$		6,240	
減：休假及假期： 80×3	240		
閒置時間： 100×3	300	(540)	
		5,700	（機器工作時數）

(b)全年度薪工預算總額：

機器操作員薪工： $\$5 \times 6,240$	$31,200
監工薪資	13,000
	$44,200

(c)在實質生產能量下，機器部全年度製造費用預算數：

監工薪資	$13,000
休假及假期給與： $\$5 \times 80 \times 3$	1,200
閒置時間： $\$5 \times 100 \times 3$	1,500
薪工稅及員工福利： $\$44,200 \times 20\%$	8,840
直接部門製造費用	15,000
一般製造費用攤入	6,630
	$46,170

(d)製造費用預計分攤率:

$\$46,170 \div 5,700 = \$8.10$(每機器小時)

8.6 大維公司於 19A 年 1 月 1 日開始營業(無期初存貨),按直接人工成本 150%分攤製造費用;其計算如下:

$$\frac{\text{製造費用預算}}{\text{直接人工成本預算}} = \frac{\$1,200,000}{\$800,000} = 150\%$$

1 月 31 日所編製之財務報表列示如下:

在製品存貨 10,000 單位	$ 35,000
製成品存貨 5,000 單位	30,000
元月份銷貨成本 — 20,000 單位	120,000

該公司茲聘請台端審查成本記錄;經檢查後發現下列有關資料:
1 月 31 日之在製品存貨,直接原料已全部領用,加工成本則完成二分之一。
元月份所記錄之成本如下:

直接原料	$35,000
直接人工	60,000

當編製19A 年度部門別預算時,下列各項均被歸類為管理費用:

工廠經理薪資	$30,000
可攤入工廠薪工之薪工稅	90,000
房屋使用成本	150,000

工廠佔用全部房屋之 80%

試求:請計算 1 月 31 日下列各項正確餘額

(a)在製品存貨。

(b)製成品存貨。

(c)銷貨成本。

解:

(a)在製品存貨:

直接原料:	$10,000 \times \$1$	$10,000
直接人工:	$10,000 \times 50\% \times \$2$	10,000
製造費用:	$\$10,000 \times 180\%$	18,000
		$38,000

(b)製成品存貨:

$\$6.60 \times 5,000 = \$33,000$

(c)銷貨成本:

$\$6.60 \times 20,000 = \$132,000$

補充計算:

分攤率之修正:

製造費用預算	$1,200,000
加: 被歸類為管理費用之工廠成本:	
工廠經理薪資	30,000
可攤入工廠薪工之薪工稅	90,000
房屋使用成本: $\$150,000 \times 80\%$	120,000
修正後製造費用預算	$1,440,000

修正後製造費用預計分攤率:

$\$1,440,000 \div \$800,000 = 180\%$

單位成本:

直接原料:	$\$35,000 \div (10,000 + 5,000 + 20,000)$	\$1.00
直接人工:	$\$60,000 \div \left(\frac{1}{2} \times 10,000 + 5,000 + 20,000\right)$	2.00
製造費用:	$\$2.00 \times 180\%$	3.60
		\$6.60

8.7 大洋公司甲製造部將製造費用分為變動及固定兩部份（半變動費用依其性質歸類為變動與固定）；下列為該公司甲製造部各費用項目之每一直接人工小時「變動費用率」及「每月份固定費用」：

項　目	變動費用率	每月份固定費用
變動:		
間接人工	\$0.82	
其他費用	0.20	\$ 600*
間接材料	0.60	
動力費	0.08	2,000*
修護費	0.10	4,000*
固定:		
監　工		3,600
稅捐及保險		600
折　舊**		24,000

* 表示半變動費用歸類為固定費用之數字

** 折舊按直線法計算（即不按直接人工時數計算）

試求：根據上列資料，試依 20,000 小時、 22,000 小時及 25,000 小時之三種不同直接人工時數，為該公司編製 19A 年6 月份之標準製造費用彈性預算表，並分別計算每一直接人工小時之變動及固定製造費用預計分攤率（請計算至分位為止）。

（高考試題）

解:

大　洋　製　造　公　司

甲　製　造　部

19A 年6 月份標準製造費用彈性預算表

	20,000 直接人工小時		22,000 直接人工小時		25,000 直接人工小時	
成本:	固　定	變　動	固　定	變　動	固　定	變　動
間接人工	$ 3,600	$16,400	$ 3,600	$18,040	$ 3,600	$20,500
其他費用	600	4,000	600	4,400	600	5,000
間接材料	—	12,000	—	13,200	—	15,000
動力費	2,000	1,600	2,000	1,760	2,000	2,000
修護費	4,000	2,000	4,000	2,200	4,000	2,500
稅捐及保險	600	—	600	—	600	—
折　舊	24,000	—	24,000	—	24,000	—
合　　計	$34,800	$36,000	$34,800	$39,600	$34,800	$45,000
製造費用預計分攤率:						
直接人工時數	20,000	20,000	22,000	22,000	25,000	25,000
每一直接人工小時預計分攤率	$1.74	$1.80	$1.58	$1.80	$1.39	$1.80

8.8 大中公司有甲乙丙三製造部，及子丑寅三廠務部，甲、乙、丙三個製造部均使用人工生產。製造過程經甲乙丙三部門而完成；子廠務部僅服務甲製造部，丑廠務部則同時服務三個製造部，寅廠務部之費用係依各部門之員工人數分攤。19A 年預計製造費用如下：

	固定成本	變動成本	合　計
甲製造部	$200,000	$300,000	$ 500,000
乙製造部	110,000	180,000	290,000
丙製造部	50,000	120,000	170,000
子廠務部	40,000	–	40,000
丑廠務部	40,000	–	40,000
寅廠務部	24,000	–	24,000
	$464,000	$600,000	$1,064,000

其他預計資料如下：

	直接人工時數	員工人數
甲製造部	10,000	100
乙製造部	6,000	50
丙製造部	4,000	50
子廠務部	–	20
丑廠務部	–	20
寅廠務部	–	10
	20,000	250

19A 年實際工作時數及製造費用如下：

	直接人工時數	製造費用
甲製造部	8,000	$ 550,000
乙製造部	4,800	300,000
丙製造部	3,200	180,000
子廠務部	–	48,000
丑廠務部	–	45,800
寅廠務部	–	26,400
	16,000	$1,150,200

試求：

(a)編製各部門製造費用預算分配及其預計分攤率計算表。

(b)編製各部門實際費用分攤表及多或少分攤製造費用之數額。

解:

(a)

維　忠　公　司

製造費用預算分配及預計分攤率計算表

19A 年度

	廠務部			製造部						合計
	子	丑	寅	甲		乙		丙		
	固定	固定	固定	固定	變動	固定	變動	固定	變動	
直接部份費用	40,000	40,000	24,000	200,000	300,000	110,000	180,000	50,000	120,000	1,064,000
子廠務部	(40,000)			40,000						
丑廠務部		(40,000)		20,000*		12,000*		8,000*		
寅廠務部			(24,000)	12,000**		6,000**		6,000**		
合　計				272,000	300,000	128,000	180,000	64,000	120,000	1,064,000
預計分攤率:										
直接人工時數				10,000	10,000					
每直接人工小時分攤率: 甲				27.20	30.00					57.20
						6,000	6,000			
乙						21.33	30.00			51.33
								4,000	4,000	
丙								16.00	30.00	46.00

$*\$40,000 \times \frac{10,000}{20,000} = \$20,000$（甲製造部）　$**\$24,000 \times \frac{100}{200} = \$12,000$（甲製造部）

$40,000 \times \frac{6,000}{20,000} = 12,000$（乙製造部）　$24,000 \times \frac{50}{200} = 6,000$（乙製造部）

$40,000 \times \frac{4,000}{20,000} = 8,000$（丙製造部）　$24,000 \times \frac{50}{200} = 6,000$（丙製造部）

(b)

維　忠　公　司
實際製造費用分攤表
19A 年度

	廠務部			製造部						合計
	子	丑	寅	甲		乙		丙		
	固定	固定	固定	固定	變動	固定	變動	固定	變動	
直接部份費用	48,000	45,800	26,400	200,000	350,000	110,000	190,000	50,000	130,000	1,150,200
子廠務部	(48,000)			48,000						
丑廠務部		(45,800)		22,900*		13,740*		9,160*		
寅廠務部			(26,400)	13,200**		6,600**		6,600**		
合　計				284,100	350,000	130,340	190,000	65,760	130,000	1,150,200
已分攤製造費用:　27.20 × 8,000				217,600						
30.00 × 8,000					240,000					
21.33 × 4,800						102,400				
30.00 × 4,800							144,000			
16.00 × 3,200								51,200		
30.00 × 3,200									96,000	851,200
少分攤製造費用				66,500	110,000	27,940	46,000	14,560	34,000	299,000

*$\$45,800 \times \frac{8,000}{16,000} = \$22,900$（甲製造部）　　**$\$26,400 \times \frac{100}{200} = \$13,200$（甲製造部）

$45,800 \times \frac{4,800}{16,000} = 13,740$（乙製造部）　　$26,400 \times \frac{50}{200} = 6,600$（乙製造部）

$45,800 \times \frac{3,200}{16,000} = 9,160$（丙製造部）　　$26,400 \times \frac{50}{200} = 6,600$（丙製造部）

8.9 大陸公司擬設定鑄型部及裝配部等二個製造部之製造費用預計分攤率。各項有關資料如下:

	鑄型部	裝配部
員工人數:	20	80
預計製造費用:	$200,000	$320,000

維修部及動力部，為直接提供製造部服務之廠務部，其製造費用預算分別為$54,000 及$240,000；廠務部費用必須先攤入製造部後，才能計算製造部之製造費用預計分攤率。廠務部提供服務給各部門之情形如下:

	受益部門			
服務部門	維修部	動力部	鑄型部	裝配部
維修部（維修時數）	–0–	1,000	1,000	8,000
動力部（瓩）	240,000	–0–	840,000	120,000

另悉鑄型部及裝配部之工人，每人每年平均工作 2,000 小時。

試求：請按下列不同情形，計算二個製造部之製造費用預計分攤率

(a)假定二個製造部均以直接人工時數為基礎，並按直接分配法，分配各廠務部費用。

(b)假定二個製造部均以直接人工時數為基礎，並按階梯式分配法，分配各廠務部費用。

（美國管理會計師考試試題）

解:

(a)直接分配法:

	維修部	動力部	鑄造部	裝配部	合 計
預計製造費用	$ 54,000	$ 240,000	$200,000	$320,000	$814,000
維修部費用分配	(54,000)	–	6,000	48,000	
		$ 240,000			
動力部費用分配		(240,000)	210,000	30,000	
合 計			$416,000	$398,000	$814,000
直接人工時數			40,000	160,000	
每一直接人工小時預計分攤率			$10.40	$2.49	

補充計算:

		鑄造部	裝配部
維修部費用分配:	$\$54,000\times\frac{1,000}{9,000}$	$ 6,000	
	$\$54,000\times\frac{8,000}{9,000}$		$48,000
動力部費用分配:	$\$240,000\times\frac{840,000}{960,000}$	210,000	
	$\$240,000\times\frac{120,000}{960,000}$		30,000

(b)階梯式分配法:

	維修部	動力部	鑄造部	裝配部	合 計
預計製造費用	$ 54,000	$ 240,000	$200,000	$320,000	$814,000
維修部費用分配	(54,000)	5,400	5,400	43,200	
		$ 245,400			
動力部費用分配		(245,400)	214,725	30,675	
合 計			$420,125	$393,875	$814,000
直接人工時數			40,000	160,000	
每一直接人工小時預計分攤率			$10.50	$2.46	

補充計算:

		動力部	鑄造部	裝配部
維修部費用分配:	$\$54,000 \times \frac{1,000}{10,000}$	$5,400		
	$\$54,000 \times \frac{1,000}{10,000}$		$ 5,400	
	$\$54,000 \times \frac{8,000}{10,000}$			$43,200
動力部費用分配:	$\$245,400 \times \frac{840,000}{960,000}$		214,725	
	$\$245,400 \times \frac{120,000}{960,000}$			30,675

8.10 大昌公司擁有維修部及工廠辦公室二個廠務部，另有鑄型部及裝配部二個製造部；預計各項成本及有關資料如下:

	維修部	工廠辦公室	鑄型部	裝配部
直接製造費用	$300,000	$200,000	$360,000	$220,000
機器工作時數			60,000	20,000
直接人工時數			20,000	60,000
員工人數	40	3	60	100

廠務部製造費用分配之基礎:

維修部: 機器工作時數

工廠辦公室: 員工人數

製造部計算製造費用預計分攤率之基礎:

鑄型部: 機器工作時數

裝配部: 直接人工時數

試求:

(a)請按下列二種方法，分別計算製造費用預計分攤率:

(1)直接分配法。

(2)階梯式分配法（工廠辦公室最先分配）。

(b)假定大昌公司生產兩種產品（ Y_1 及 Y_2 ）需耗用機器及直接人工時數如下：

	產品	
	Y_1	Y_2
鑄型部：機器工作時數	8	2
裝配部：直接人工時數	2	8

請根據上列(a)項(1)及(2)所求得之預計分攤率，攤入各項產品內（按直接或階梯式，分二次攤入各產品）。

（美國會計師考試試題）

解：

(a)(1)直接分配法：

	維修部	工廠辦公室	鑄型部	裝配部	合　計
直接製造費用	$300,000	$200,000	$360,000	$220,000	$1,080,000
維修部費用	(300,000)		225,000*	75,000	
工廠辦公室費用		(200,000)	75,000**	125,000	
合　　計			$660,000	$420,000	$1,080,000

$*\$300,000 \times \frac{60,000}{80,000} = \$225,000$

$**\$200,000 \times \frac{60}{160} = \$75,000$

製造費用預計分攤率：

鑄型部：機器工作時數基礎： $\$660,000 \div 60,000 = \$11.00$

裝配部：直接人工時數基礎： $\$420,000 \div 60,000 = \$7.00$

(2)階梯式分配法：

	工廠辦公室	維修部	鑄型部	裝配部	合　計
直接製造費用	$ 200,000	$ 300,000	$360,000	$220,000	$1,080,000
	(200,000)	40,000 *	60,000	100,000	
工廠辦公室費用		$ 340,000			
維修部費用		(340,000)	225,000**	85,000	
合　　計			$675,000	$405,000	$1,080,000

$*\$200,000 \times \frac{40}{200} = \$40,000$；餘類推。

$**\$340,000 \times \frac{60,000}{80,000} = \$255,000$；餘類推。

製造費用預計分攤率:

鑄型部：機器工作時數基礎：　$\$675,000 \div 60,000 = \$11.25$

裝配部：直接人工時數基礎：　$\$405,000 \div 60,000 = \$6.75$

(b)

	產品 Y_1	產品 Y_2
(1)直接分配法之產品單位成本:		
鑄型部：　$11 × 8	$ 88.00	
裝配部：　$7 × 2	14.00	
鑄型部：　$11 × 2		$22.00
裝配部：　$7 × 8		56.00
產品單位成本	$102.00	$78.00
(2)階梯式分配法之產品單位成本:		
鑄型部：　$11.25 × 8	$ 90.00	
裝配部：　$6.75 × 2	13.50	
鑄型部：　$11.25 × 2		$22.50
裝配部：　$6.75 × 8		54.00
產品單位成本	$103.50	$76.50

第九章　製造費用（下）

選擇題

9.1 N 公司採用直接人工成本基礎，作為計算製造費用預計分攤率的根據。1997 年12 月 31 日，N 公司預計製造費用為$600,000，預計直接人工時數為50,000 小時，每小時標準工資率$6；實際製造費用為$620,000，實際直接人工成本為 $325,000。1997 年多分攤製造費用應為若干？

(a)$20,000

(b)$25,000

(c)$30,000

(d)$50,000

解：(c)

製造費用預計分攤率的計算公式如下：

$$\text{製造費用預計分攤率} = \frac{\text{預計製造費用}}{\text{預計直接人工成本}}$$

$$= \frac{\$600,000}{\$6 \times 50,000} = 200\%$$

已分攤製造費用

實　際	620,000	分　攤	650,000
		($\$325,000 \times 200\%$)	

多分攤製造費用: $650,000 − $620,000 = $30,000

9.2 根據預計產能及預計固定製造費用，所計算之固定製造費用預計分攤率，於年終時，發生少分攤固定製造費用的現象；此種現象可能被解釋為:

	實際產能	實際固定製造費用
(a)	大於預計產能	大於預計固定製造費用
(b)	大於預計產能	小於預計固定製造費用
(c)	小於預計產能	大於預計固定製造費用
(d)	小於預計產能	小於預計固定製造費用

解: (c)

固定製造費用預計分攤率，係以預計固定製造費用為分子，以預計產能為分母，以前者被後者除之，所求得之商數，即為預計分攤率。在分攤時，將實際產能乘以固定製造費用預計分攤率之相乘積，使與實際固定製造費用，相互比較，以確定多或少分攤固定製造費用。其情形如下:

已分攤固定製造費用

實際固定製造費用 （大）	預計分攤率×實際產能 （小）

發生少分攤固定製造費用（借方大於貸方）之可能原因有二:

(1)實際產能小於預計產能。

(2)實際固定製造費用大於預計固定製造費用。

9.3 S公司19A年度實際製造費用為$231,000，已分攤製造費用為$220,000；已知製造費用攤入在製品存貨、製成品存貨、及銷貨成本三個帳戶，分別為$50,000、$30,000、及$140,000； S公司於年度終了時，發現製造費用預計分攤率不準確，擬調整有關帳戶。銷貨成本帳戶應調整若干？

(a)$8,000

(b)$7,000

(c)$2,500

(d)$1,500

解：(b)

19A年度少分攤製造費用 $11,000($231,000 − $220,000)，因製造費用預計分攤率不準確，應按下列比例，調整在製品存貨、製成品存貨、及銷貨成本等三個帳戶如下：

	在製品存貨	製成品存貨	銷貨成本	合　計
已分攤製造費用	$50,000	$30,000	$140,000	$220,000
分攤比例	(5/22)	(3/22)	(14/22)	1
分攤金額	2,500	1,500	7,000	11,000

9.4 B 公司按直接人工時數為基礎，分攤製造費用；在直接人工時數 40,000 小時之正常產能下，預計固定及變動製造費用分別為：$200,000 及$35,000；19A 年度實際產能為正常產能之 80%，實際固定及變動製造費用，分別為$215,000 及$30,000。 B 公司 19A 年度能量差異及預算差異應為若干？

	能量差異	預算差異
(a)	$50,000	$25,000
(b)	$45,000	$20,000
(c)	$40,000	$17,000
(d)	$35,000	$16,000

解: (c)

能量差異可計算如下:

正常產能: 直接人工時數	40,000
實際產能 (80%): 直接人工時數	32,000
閒置產能: 直接人工時數	8,000
每小時固定費用分攤率	
$\$200,000 \div 40,000$	$　5
能量差異（不利）	$40,000

預算差異可計算如下:

	固定製造費用	變動製造費用	合　計
實際成本	$215,000	$30,000	$245,000
預算成本	200,000	28,000*	228,000
預算差異（不利）	$ 15,000	$ 2,000	$ 17,000

$*\$35,000 \times 80\% = \$28,000$

9.5　T 製造公司生產單一產品，按產量基礎分攤製造費用；在正常產量 50,000 單位下之製造費用為$250,000；19A 年及 19B 年之實際產量分別為 60,000 單位及 45,000 單位。19A 年及 19B 年之能量差異各為若干?

	19A 年	19B 年
(a)	不利$50,000	有利$20,000
(b)	不利$50,000	不利$20,000
(c)	有利$50,000	有利$25,000
(d)	有利$50,000	不利$25,000

解: (d)

能量差異應計算如下:

	19A 年	19B 年
正常能量	50,000	50,000
實際能量	60,000	45,000
閒置（超越）能量	(10,000)	5,000
每小時固定費用分攤率		
$\$250,000 \div 50,000$	\$ 5	\$ 5
不利（有利）能量差異	\$(50,000)	\$25,000

9.6 R公司之固定製造費用，係按全年度直接人工成本\$200,000之80%，預計分攤。19A 年度列報有利能量差異\$16,000；19A 年度實際直接人工成本應為若干？

(a)\$200,000

(b)\$180,000

(c)\$160,000

(d)\$150,000

解：(b)

19A 年度之實際直接人工成本，可計算如下：

正常能量之直接人工成本：$\$200,000 \times 80\%$	\$160,000
實際能量之直接人工成本	x
超越能量之直接人工成本	$x-\$160,000$
每小時固定費用分攤率：為直接人工成本之 80%	80%
能量差異（有利）	\$ 16,000

$$(x - \$160,000) \times 80\% = \$16,000$$

$$0.8x = \$144,000$$

$$x = \$180,000$$

下列資料，用於解答第 9.7 題及第9.8 題之根據：

P公司之製造費用，係以直接人工時數為基礎，並按每年直接人工 200,000

小時為正常能量預計分攤。每年正常能量下之預計製造費用如下:

固定製造費用:	$600,000
變動製造費用:	300,000
合　　計	$900,000

19A 年度之各項差異如下:

不利能量差異	$120,000
不利預算差異	15,000

9.7　19A 年度之實際直接人工時數應為若干?

(a) 160,000 小時。

(b) 155,000 小時。

(c) 150,000 小時。

(d) 145,000 小時。

解: (a)

19A 年度之直接人工時數, 可計算如下:

正常能量: 直接人工時數	200,000
實際能量: 直接人工時數	x
閒置能量	$200,000-x$
每小時固定費用分攤率	
$\$600,000 \div 200,000$	$ 3
不利能量差異	$ 120,000

$(200,000-x) \times \$3 = \$120,000$

$x = 160,000$（實際直接人工時數）

9.8　19A 年度之實際製造費用總額應為若干?

(a)$900,000

(b)$855,000

(c)$850,000

(d)$840,000

解: (b)

19A 年度之實際製造費用總額，可計算如下:

	固定製造費用	變動製造費用	合　計
實際成本	$ 600,000	$ 255,000	$ 855,000
預算成本	(600,000)	(240,000)	(840,000)
預算差異	$ 0	$ 15,000	$ 15,000

下列資料用於解答第 9.9 題至第 9.12 題之根據:

Y 公司擁有工廠辦公室、維修部、飲食部等三個廠務部及鑄造部、裝配部等二個製造部。 19A 年度各項成本及分攤基礎之有關資料如下:

	工廠辦公室	維修部	飲食部	鑄造部	裝配部
直接原料成本	–0–	$ 65,000	$ 81,000	$3,130,000	$ 950,000
直接人工成本	$ 90,000	82,100	87,000	1,950,000	2,050,000
製造費用	70,000	56,100	62,000	1,650,000	1,850,000
合　計	$160,000	$203,200	$240,000	$6,730,000	$4,850,000
其他資料:					
直接人工時數	31,000	27,000	42,000	562,500	437,500
員工人數	12	8	20	280	200
佔地面積	1,750	2,000	4,800	88,000	72,000

各廠務部之成本，按下列各項基礎分攤:

工廠辦公室: 直接人工時數

維修部: 佔地面積

飲食部: 員工人數

計算至元位為止。

9.9 假定 Y 公司按直接分攤法，分攤各廠務部成本，各廠務部彼此不互相分攤；維修部成本攤入鑄造部的金額應為若干？

(a)$111,760

(b)$106,091

(c)$91,440

(d)以上皆非

解：(a)

維修部成本係以佔地面積為基礎，按直接分攤法，攤入二個製造部如下：

	鑄造部	裝配部	合　計
佔地面積	88,000	72,000	160,000
維修部成本分攤	$111,760	$91,440	$203,200

9.10 假定分攤方法（直接分攤法）與第 9.9 題相同；工廠辦公室成本攤入裝配部的金額應為若干？

(a)$63,636

(b)$70,000

(c)$90,000

(d)以上皆非

解：(b)

工廠辦公室成本，係以直接人工時數為基礎，按直接分攤法，攤入二個製造部如下：

	鑄造部	裝配部	合　計
直接人工時數	562,500	437,500	1,000,000
工廠辦公室成本分攤	$ 90,000	$ 70,000	$ 160,000

9.11 假定 Y 公司按階梯式分攤法（或稱個別消滅法），依序分攤飲食部、維修部、工廠辦公室等各廠務部成本。飲食部成本攤入工廠辦公室的金額應為若干？

(a)$96,000

(b)$6,124

(c)$5,760

(d)以上皆非

解：(c)

	飲食部	維修部	工廠辦公室	鑄造部	裝配部
各部門成本	$ 240,000	$203,200	$160,000	$6,730,000	$4,850,000
員工人數	(240,000)	3,840	5,760	134,400	96,000

9.12 假定分攤方法與第 9.11 題相同；維修部成本攤入飲食部的金額應為若干？

(a)$0

(b)$5,787

(c)$5,856

(d)以上皆非

（9.9～9.12 美國會計師考試試題）

解：(a)

Y 公司按階梯式分攤法，依序分攤飲食部、維修部、及工廠辦公室成本；蓋飲食部成本，先攤入維修部後，即告消滅；換言之，維修部成本並不攤入飲食部；故維修部攤入飲食部的金額，應為零。

計算題

9.1 維孝公司19A 年按正常能量之製造費用預計分攤率，將製造費用攤入製造成本如下：

甲製造部按每機器小時$75 攤入。
乙製造部按每機器小時$68 攤入。

當年度實際製造費用如下：

工廠辦公室	$175,000
修理部	120,000
儲存室	100,000
甲製造部	651,000
乙製造部	360,000

另發生下列各項費用：

動力費	50,000
廠房維持費	40,000

其他可供分攤基礎之資料如下：

	機器工作時數	材料成本	佔地面積	員工人數
甲製造部	12,000	$600,000	100	40
乙製造部	8,000	400,000	100	30
工廠辦公室	–	–	50	10
修理部	–	–	50	10
儲存室	–	–	100	10

工廠辦公室係辦理員工人事及薪工事務，最先分攤；修理部係對兩個製造部提供服務；儲存室按材料耗用成本比例分攤。

試求：

(a)編製實際製造費用分攤表。

(b)計算多或少分攤製造費用之數額。

(c)計算二個製造部之機器實際每小時分攤率。

解:

(a)

維　孝　公　司
實際製造費用分攤表
19A 年 12月 31日

	工廠辦公室	修理部	儲存室	甲製造部	乙製造部	合　計
直接部門費用	$ 175,000	$ 120,000	$ 100,000	$651,000	$360,000	$1,406,000
間接部門費用						
動力費：機器工作時數	–	–	–	30,000	20,000	50,000
廠房維持費：佔地面積	5,000	5,000	10,000	10,000	10,000	40,000
合　計	$ 180,000	$ 125,000	$ 110,000	$691,000	$390,000	$1,496,000
工廠辦公室：員工人數	(180,000)	20,000	20,000	80,000	60,000	–
		$ 145,000				
修理部：機器工作時數		(145,000)	–	87,000	58,000	–
			$ 130,000			
儲存室：材料成本			(130,000)	$ 78,000	$ 52,000	–
				$936,000	$560,000	$1,496,000

上列各項計算數字如下:

	工廠辦公室	修理部	儲存室	甲製造部	乙製造部	合　計
動力費:						
機器工作時間	–	–	–	12,000	8,000	20,000
分攤數	–	–	–	$30,000	$20,000	$ 50,000
廠房維持費:						
佔地面積	50	50	100	100	100	400
分攤數	5,000	5,000	10,000	10,000	10,000	40,000
工廠辦公室:						
員工人數	–	10	10	40	30	90
分攤數	–	20,000	20,000	80,000	60,000	180,000

	工廠辦公室	修理部	儲存室	甲製造部	乙製造部	合　計
修理部:						
機器工作時間	–	–	–	12,000	8,000	20,000
分攤數	–	–	–	$ 87,000	$ 58,000	$ 145,000
儲存部:						
材料成本	–	–	–	600,000	400,000	1,000,000
分攤數	–	–	–	78,000	52,000	130,000

(b)

維　孝　公　司

多或少分攤製造費用

19A 年 12月 31日

	甲製造部	乙製造部
實際製造費用	$936,000	$560,000
已分攤製造費用		
甲製造部: $\$75 \times 12,000$	900,000	–
乙製造部: $68 \times 8,000$	–	544,000
少分攤製造費用	$ 36,000	$ 16,000

(c)機器實際每小時分攤率:

甲製造部: $\$936,000 \div 12,000 = \$78$

乙製造部: $\$560,000 \div 8,000 = \$70$

9.2 維仁公司按直接人工時數為分攤製造費用的基礎，其正常生產能量為 10,000 直接人工小時。在正常生產能量下之預計製造費用如下:

固定	$200,000
變動	300,000

19A 年實際生產能量為正常生產能量之 90%，其實際製造費用如下:

固定	$200,000
變動	190,000

又知當年度直接人工耗用比率如下:

在製品存貨	20%
製成品存貨	20%
銷貨成本	60%

試求:

(a)列示 19A 年度有關製造費用之各項會計分錄。

(b)假定製造費用預計分攤率準確，乃將多或少分攤製造費用調整並攤入在製品、製成品、及銷貨成本等三個帳戶。

解:

(a)正常生產能量之製造費用分攤率:

固定製造費用:	$200,000÷10,000 =	$20
變動製造費用:	300,000÷10,000 =	30
	$500,000	$50

在製品

(9,000 × 50)	450,000	(7,200 × 50)	360,000

已分攤製造費用－固定

		(9,000 × 20)	180,000

已分攤製造費用－變動

		(9,000 × 30)	270,000

製成品

(7,200* × 50)	360,000	(5,400 × 50)	270,000

銷貨成本

(5,400* × 50)	270,000		

製造費用

	390,000		

*9,000 小時 × (60% + 20%) = 7,200 小時
9,000 小時 × 60% = 5,400 小時

在製品	450,000	
已分攤製造費用－固定		180,000
已分攤製造費用－變動		270,000
製成品	360,000	
在製品		360,000
銷貨成本	270,000	
製成品		270,000

(b)多或少分攤製造費用:

已分攤製造費用	$ 450,000
實際製造費用	(390,000)
多分攤製造費用	$ 60,000

多分攤製造費用之調整:

	百分比	調整數
在製品存貨	20%	$12,000
製成品存貨	20%	12,000
銷貨成本	60%	36,000
	100%	$60,000

已分攤製造費用—固定	180,000	
已分攤製造費用—變動	270,000	
製造費用		390,000
多或少分攤製造費用		60,000
多或少分攤製造費用	60,000	
在製品		12,000
製成品		12,000
銷貨成本		36,000

9.3 維愛公司生產單一產品，每單位售價$14.00，製造費用係按正常生產能量 100,000 單位為分攤基礎。 19A 年初無期初製成品存貨。生產數量均按預定銷貨量擬定，故期初及期末均無在製品存貨。

19A 年終之部份損益表如下:

銷貨收入	$840,000
銷貨成本（正常成本）:	
製造成本:	

直接原料	$120,000	
直接人工	180,000	
製造費用	300,000	
	$600,000	
減:製成品期末存貨	150,000	450,000
銷貨毛利(正常)		$390,000
減:不利費用差異:		
能量差異	$ 40,000	
預算差異	30,000	70,000
銷貨毛利(實際)		$320,000

試求:

(a)每單位產品成本。

(b)固定及變動單位成本。

(c)實際完工產品數量及製造費用總額。

解:

(a)每單位產品成本:

銷貨成本	$450,000
銷貨數量	60,000*
單位成本	$7.50

$*\$840,000 \div \$14 = 60,000$

(b)單位固定成本:

不利能量差異		$40,000
除:閒置生產能量:		
正常生產能量	100,000	
實際生產能量(c)	(80,000)	20,000
單位固定成本		$2.00

單位變動成本:

直接原料:　$120,000 ÷ 80,000	$1.50	
直接人工:　180,000 ÷ 80,000	2.25	
製造費用	1.75**	$5.50

**已分攤製造費用	$300,000
減: 固定製造費用:　$2.00 × 80,000	(160,000)
變動製造費用	$140,000
實際完工產品數量(c)	80,000
單位變動製造費用	$1.75

(c)實際完工產品數量:

製造成本總額	$600,000
單位產品成本(a)	7.50
實際完工產品數量	80,000

實際製造費用總額:

已分攤製造費用		$300,000
加: 不利能量差異	$40,000	
不利預算差異	30,000	70,000
實際製造費用總額		$370,000

9.4 維信公司有甲乙兩個製造部，維護部及工廠辦公室兩個廠務部。每一製造部均按正常生產能量 100,000 直接人工小時為分攤之基礎，每小時分攤率列示如下:

	甲製造部	乙製造部
固定成本	$10.00	$12.00
變動成本	5.00	4.00
每小時分攤率	$15.00	$16.00

19A 年直接人工小時如下：甲製造部 60,000 小時，乙製造部 40,000 小時，帳列製造費用如下：

廠房維持費（固定成本）	$200,000
辦公室費用（固定成本）	500,000
甲製造部	600,000
乙製造部	400,000

廠房維持費之分攤比率如下：

工廠辦公室 20%，甲製造部 50%，乙製造部 30%。

工廠辦公室費用，係按各製造部之直接人工小時分攤。

試求：

(a)計算各製造部之多或少分攤製造費用。

(b)將多或少分攤製造費用分為能量差異及預算差異。

解：

(a)

	維護部	工廠辦公室	甲製造部	乙製造部
實際製造費用	$ 200,000	$ 500,000	$ 600,000	$ 400,000
分攤成本：				
廠房維持費	(200,000)	40,000*	100,000*	60,000*
		$ 540,000		
工廠辦公室		(540,000)	324,000**	216,000**
			$1,024,000	$ 676,000
已分攤製造費用：				
甲製造部： $15 × 60,000			(900,000)	
乙製造部： 16 × 40,000				(640,000)
少分攤製造費用			$ 124,000	$ 36,000

$*\$200,000 \times 20\% = \$40,000$

$\$200,000 \times 50\% = \$100,000$

$\$200,000 \times 30\% = \$60,000$

$$**\$540,000 \times \frac{60,000}{100,000} = \$324,000$$

$$\$540,000 \times \frac{40,000}{100,000} = \$216,000$$

(b)

		甲製造部	乙製造部
(1)能量差異:			
預計固定成本:	$10 × 100,000	$ 1,000,000	
	12 × 100,000		$ 1,200,000
實際固定成本:	10 × 60,000	(600,000)	
	12 × 40,000		(480,000)
不利能量差異		$ 400,000	$ 720,000
(2)預算差異:			
實際製造費用		$ 1,024,000	$ 676,000
預計製造費用:			
固定		$ 1,000,000	$1,200,000
變動:	$5 × 60,000	300,000	–
	4 × 40,000	–	160,000
		$ 1,300,000	$1,360,000
有利預算差異		$ 276,000	$ 684,000
不利能量差異		$ 400,000	$ 720,000
有利預算差異		(276,000)	(684,000)
不利淨差異		$ 124,000	$ 36,000

9.5 維義公司有八個製造部及甲乙丙三個廠務部。 19A 年元月份三個廠務部之直接部份費用如下:

甲廠務部	$120,000
乙廠務部	180,000
丙廠務部	200,000

各廠務部服務於其他部門之情形如下:

廠務部	廠務部服務於各部門之數量單位				
	甲	乙	丙	各製造部	合　計
甲	–	1,200	800	6,000	8,000
乙	600	–	1,400	8,000	10,000
丙	2,000	1,000	–	12,000	15,000

試求：請按下列各種方法，計算各廠務部服務於其他部門之每單位製造費用分攤率

(a)直接分攤法：即按各廠務部服務於各製造部為分攤基礎；廠務部費用，不分攤給其他廠務部。

(b)階梯式分攤法：按甲、乙、丙之順序分攤，將甲廠務部費用最先分攤於乙、丙廠務部及其他各製造部，依此類推。

(c)方程分攤法：即按代數上之聯立方程式，確定各廠務部間互相分攤的數字。

解：

(a)直接分攤法

	甲廠務部	乙廠務部	丙廠務部
$\$120,000 \div 6,000$	\$20.00	–	–
$180,000 \div 8,000$	–	\$22.50	–
$200,000 \div 12,000$	–	–	\$16.67

(b)階梯式分攤法（個別消滅法）

	甲廠務部	乙廠務部	丙廠務部	各製造部
直接部門費用	\$ 120,000	\$ 180,000.00	\$ 200,000.00	–
廠務部費用分攤：				
甲廠務部	(120,000)	18,000.00*	12,000.00*	\$ 90,000.00*
		\$ 198,000.00		
乙廠務部		(198,000.00)	29,489.37**	168,510.63**
			\$ 241,489.37	
丙製造部			(241,489.37)	241,489.37
				\$500,000.00

單位製造費用分攤率:

數量單位	8,000	9,400	12,000
分攤率	$15.00	$21.06	$20.12

$$*\$120,000 \times \frac{1,200}{8,000} = \$18,000$$

$$\$120,000 \times \frac{800}{8,000} = \$12,000$$

$$\$120,000 \times \frac{6,000}{8,000} = \$90,000$$

$$**\$198,000 \times \frac{1,400}{9,400} = \$29,489.37$$

$$\$198,000 \times \frac{8,000}{9,400} = \$168,510.63$$

(c)方程分攤法

設: 甲廠務部費用分攤率 $= x$

乙廠務部費用分攤率 $= y$

丙廠務部費用分攤率 $= z$

則:

$$x = (\$120,000 + y \times 600 + z \times 2,000) \div 8,000 \cdots\cdots (1)$$

$$y = (\$180,000 + x \times 12,000 + z \times 1,000) \div 10,000 \cdots\cdots (2)$$

$$z = (\$200,000 + x \times 800 + y \times 1,400) \div 15,000 \cdots\cdots (3)$$

由(1)得

$$8,000x = 120,000 + 600y + 2,000z$$

$$x = 15 + 0.075y + 0.25z$$

代入(2)及(3)

$$10,000y = 180,000 + (18,000 + 90y + 300z) + 1,000z$$

$$9,910y = 198,000 + 1,300z$$

$$15,000z = 200,000 + (12,000 + 60y + 200z) + 1,400y$$

$$14,800z = 212,000 + 1,460y$$

$$y = \frac{198,000}{9,910} + \frac{1,300}{9,910}z$$

$$14,800z = 212,000 + \frac{1,460 \times 19,800}{9,910} + \frac{1,460 \times 1,300}{9,910}z$$

$z = 16.51$（元）

$$9,910y = 198,000 + (1,300 \times 16.51)$$

$y = 22.15$（元）

$$x = 15 + 0.075 \times 22.15 + 0.25 \times 16.51$$

$= 20.79$（元）

9.6 維和公司19A 年元月份，直接原料與間接材料之比例為 3:1，直接與間接人工之比例為 4:1，其他製造費用$120,000，佔製造費用之10%。耗用材料總額與人工總額之比例為2:1。

該公司有第一、第二及第三等三製造部，及甲、乙二廠務部。直接部門費用的分攤比例如下：

第一製造部	5
第二製造部	4
第三製造部	3
甲廠務部	2
乙廠務部	1

乙廠務部費用之分攤比例如下：

第一製造部	4
第二製造部	3
第三製造部	2
甲廠務部	1

甲廠務部費用之分攤比例如下：

第一製造部	1
第二製造部	1
第三製造部	1

試根據上列資料，為該公司計算間接材料、間接人工、各部門直接部門費用、廠務部費用分攤各部門之數額，並作適當之分攤。

（高考試題）

解:

製造成本
- 直接原料 ($3x$)
- 直接人工 ($4y$)
- 製造費用* ($1,200,000)
  - 間接材料 (x)
  - 間接人工 (y)
  - 其他製造費用 ($120,000)

$*\$120,000 \div 10\% = \$1,200,000$

$x + y + \$120,000 = \$1,200,000$

$x + y = \$1,080,000 \cdots\cdots(1)$

$3x + x = 2(4y + y)$

$4x = 10y$

$x = \frac{5}{2}y \cdots\cdots(2)$

將(2)代入(1)

$\frac{5}{2}y + y = \$1,080,000$

$7y = \$2,160,000$

$y = \$308,571.42$

$x = \$1,080,000 - \$308,571.42 = \$771,428.58$

間接材料: $\$771,428.58$

直接原料: $\$2,314,285.74(3 \times \$771,428.58)$

間接人工：$308, 571.42

直接人工：$1, 234, 285.68(4 × $308, 571.42)

維　和　公　司

製造費用分攤表

19A 年元月份

	甲廠務部	乙廠務部	第一製造部	第二製造部	第三製造部	合計
直接部份費用	$ 160,000	$ 80,000	$400,000	$320,000	$240,000	$1,200,000
分攤成本:						
乙廠務部	8,000	(80,000)	32,000	24,000	16,000	–
	$ 168,000					
甲廠務部	(168,000)		56,000	56,000	56,000	–
			$488,000	$400,000	$312,000	$1,200,000

	借	貸
(1)第一製造部製造費用	400,000	
第二製造部製造費用	320,000	
第三製造部製造費用	240,000	
甲廠務部製造費用	160,000	
乙廠務部製造費用	80,000	
製造費用		1,200,000
(2)第一製造部製造費用	32,000	
第二製造部製造費用	24,000	
第三製造部製造費用	16,000	
甲廠務部製造費用	8,000	
乙廠務部製造費用		80,000
(3)第一製造部製造費用	56,000	
第二製造部製造費用	56,000	
第三製造部製造費用	56,000	
甲廠務部製造費用		168,000

9.7 維平公司有二個廠務部，此二個廠務部不但為製造部提供服務，而且二個廠務部之間，亦彼此相互提供服務。該公司二個製造部與二個廠務部間之關係如下：

	各部門接受服務之百分比				
	製造部		廠務部		
廠務部	A	B	Y	Z	待分攤之廠務部成本
Y	50%	40%		10%	$10,000
Z	40%	40%	20%		8,800

試求：

(a)廠務部成本攤入各部門之金額。

(b)倘若 A、B 兩個製造部的原有製造費用分別為 $22,000 及$29,000，試問該二個製造部經分攤廠務部成本後之總製造費用應為若干？

解：

(a) $Y = \$10,000 + 0.2Z$

$Y - 0.2Z = \$10,000$ ………………………… (1)

$Z = \$8,800 + 0.1Y$

$Z - 0.1Y = \$8,800$ ………………………… (2)

解方程式(1)及(2)：

$$\begin{array}{rl} 5Y - Z & = \$50,000 \\ -0.1Y + Z & = 8,800 \\ \hline 4.9Y & = \$58,800 \end{array}$$

$Y = \$12,000$

將 Y 值代入(1)：

$\$12,000 - 0.2Z = \$10,000$

$0.2Z = \$2,000$

$Z = \$10,000$

(b)

	Y	Z	A	B	合　計
原有製造費用	$ 10,000	$ 8,800	$22,000	$29,000	$69,800
分攤成本:					
Y 廠務部	(12,000)	1,200	6,000	4,800	
Z 廠務部	2,000	(10,000)	4,000	4,000	
合　計	$ 0	$ 0	$32,000	$37,800	$69,800

9.8 維智公司採用直接人工成本為分攤製造費用之基礎。19A 年預計直接人工成本為$1,000,000；全年度固定製造費用為 $500,000。至於變動製造費用，則為未知數，必須另外計算。

下列為該公司 19A 年度之資料:

直接人工	$1,100,000
已分攤製造費用	880,000
多分攤製造費用	20,000

試求：請計算 19A 年度下列二項

(a)能量差異。

(b)預算差異。

解:

(a)及(b)

分攤率之計算:

製造費用分攤率: $\$880,000 \div \$1,100,000$	80%
減: 固定製造費用分攤率: $\$500,000 \div \$1,000,000$	50%
變動製造費用分攤率	30%

帳列製造費用總額:

已分攤製造費用	$880,000
減：多分攤製造費用	20,000
帳列（實際）製造費用總額	$860,000

能量差異：

已分攤固定製造費用：$\$1,100,000 \times 50\%$	$550,000
全年度固定製造費用	500,000
有利能量差異	$ 50,000

預算差異：

帳列（實際）製造費用總額		$ 860,000
減：預算上設定之製造費用總額：		
固定	$500,000	
變動：$\$1,100,000 \times 30\%$	330,000	(830,000)
不利預算差異		$ 30,000

9.9 維勇公司按直接人工成本為基礎，並採用實質生產能量以分攤製造費用。下列各帳戶餘額，係選自該公司 19A 年 12 月31 日結帳後之試算表：

在製品	$ 74,000
製成品	177,000
銷貨成本	354,000
已分攤製造費用	240,000
少分攤製造費用	45,000

19A 年度，該公司實際操作量為實質生產能量之 80%。當年度預計固定製造費用為$200,000。 19A 年 1 月 1 日無任何在製品及製成品存貨。當年度主要成本列入各項成本帳戶如下：

	直接材料	直接人工
在製品（12月 31日）	$ 30,000	$ 20,000
製成品（12月 31日）	45,000	60,000
銷貨成本	90,000	120,000
	$165,000	$200,000

試求:

(a)計算下列各項: (1) 19A 年度製造費用分攤率; (2)按實質生產能量預計之直接人工成本; (3)在實質生產能量下之預計製造費用數額，並按固定及變動成本因素分開列示; (4) 19A 年度帳列實際製造費用; (5)能量差異; (6)預算差異。

(b)該公司認為採用實質生產能量作為對內抑減及控制成本的基礎，實無法滿足對外報告之需要。因此，擬將能量差異分攤於存貨及銷貨成本之內，藉以反映所達成之實際成本；並已知預算差異係由於超額支出所造成，故應予列為損失處理。請計算在製品、製成品、及銷貨成本之正確餘額。

解:

(a)(1) 19A 年度製造費用分攤率:

$$\frac{\text{已分攤製造費用}}{\text{直接人工成本}} = \frac{\$240,000}{\$200,000} = 120\%$$

(2)按實質生產能量預計之直接人工成本:

$$\$200,000 \div 80\% = \$250,000$$

(3)在實質生產能量下之預計製造費用:

$\$250,000 \times 120\%$ =	$300,000
固定部份	200,000
變動部份	$100,000

⑷帳列之實際製造費用：

已分攤製造費用	$240,000
少分攤製造費用	45,000
	$285,000

⑸能量差異：

預計固定製造費用	$200,000
已分攤固定製造費用：　$200,000 × 80%	160,000
能量差異（不利）	$ 40,000
或：　$200,000 × (1 − 80%)	$ 40,000

⑹預算差異：

帳列之實際製造費用		$285,000
實際產量在預算上設定的製造費用：		
固定	$200,000	
變動：　$200,000 × 40%*	80,000	280,000
預算差異（不利）		$ 5,000

*$100,000 ÷ $250,000 = 40%

(b)

	帳列成本	調整數*	調整後成本
在製品	$ 74,000	$ 4,000	$ 78,000
製成品	177,000	12,000	189,000
銷貨成本	354,000	24,000	378,000
	$605,000	$40,000	$645,000

*能量差異調整數之計算：

$$\$40,000 \times \frac{\$20,000}{\$200,000} = \$4,000$$

$$\$40,000 \times \frac{\$60,000}{\$200,000} = \$12,000$$

$$\$40,000 \times \frac{\$120,000}{\$200,000} = \$24,000$$

9.10 維禮公司有甲乙兩個製造部及工廠辦公室、動力部兩個廠務部。製造部之製造費用分攤如下:

甲製造部: 按直接原料成本之 60%分攤。
乙製造部: 按直接人工每小時$6分攤。

19A 年元月底帳列有關各項成本餘額如下:

在製原料	$100,000
在製人工	88,000
在製製造費用	50,000
間接人工	42,000
工廠辦公室費用	7,600
廠房維持費	8,000
動力部費用	4,500

可資分攤之資料如下:

	工廠辦公室	動力部	甲製造部	乙製造部
直接原料成本	–	–	$60,000	$40,000
直接人工成本	–	–	48,000	40,000
直接人工時數	–	–	6,000	4,000
動力耗用	–	–	60%	40%
佔地面積(坪數)	100	200	400	300
員工人數	4	6	30	20

間接人工及工廠辦公室費用按各部門員工人數比例分攤。

廠房維持費按佔地面積分攤。

試為該公司編製 19A 年元月份之製造費用分攤表,並計算其多或少分攤製造費用。

解:

	工廠辦公室	動力部	甲製造部	乙製造部	合　計
間接人工	$ 2,800	$ 4,200	$ 21,000	$ 14,000	$ 42,000
辦公室費用	7,600	–	–	–	7,600
廠房維持費	800	1,600	3,200	2,400	8,000
動力部費用	–	4,500	–	–	4,500
	$ 11,200	$ 10,300	$ 24,200	$ 16,400	$ 62,100
工廠辦公室	(11,200)	1,200	6,000	4,000	–
動力部		$ 11,500			
		(11,500)	6,900	4,600	–
合　　計			$ 37,100	$ 25,000	$ 62,100
已分攤製造費用:					
甲: $\$60,000 \times 60\%$			(36,000)		(36,000)
乙: $\$6 \times 4,000$				(24,000)	(24,000)
少分攤製造費用			$ 1,100	$ 1,000	$ 2,100

補充計算:

	工廠辦公室	動力部	甲製造部	乙製造部	合　計
員工人數	4	6	30	20	60
間接人工分攤	$2,800	$4,200	$21,000	$14,000	$42,000
佔地面積	100	200	400	300	1,000
維持費分攤	$800	$1,600	$3,200	$2,400	$8,000
辦公室費用分攤	–	$1,200	$6,000	$4,000	$11,200
動力費分攤	–	–	$6,900	$4,600	$11,500

9.11 維廉公司於 19A 年 12 月31 日，如將多分攤製造費用全部轉入銷貨成本項下，則淨利數額為$1,290,000，如將多分攤費用分別轉入銷貨成本、製成品存貨及在製品存貨三者項下，則其淨利將為$1,270,000.00，現悉:

1.銷貨成本、製成品存貨及在製品存貨三者間成本之比例為 3:1:1。

2. 19A 年度多分攤費用佔已分攤製造費用總額之 1/10。

試求：請計算 19A 年度實際製造費用總額。

（高考試題）

解：

製成品及在製品之多分攤製造費用：$\$1,290,000-\$1,270,000=\$20,000$

製成品之多分攤製造費用：$\$20,000\times\frac{1}{2}=\$10,000$

在製品之多分攤製造費用：$\$20,000-\$10,000=\$10,000$

銷貨成本之多分攤製造費用：$\$10,000\times 3=\$30,000$

多分攤製造費用總額：$\$20,000+\$30,000=\$50,000$

已分攤製造費用總額：$\$50,000\div\frac{1}{10}=\$500,000$

實際製造費用總額：$\$500,000-\$50,000=\$450,000$

9.12 維新公司在實質生產能量預算之下，經常僱用工人 50 人，每人全年工作 2,000 小時；此外，共計 160 小時之休假及國定假日，公司均按每小時$10 支付工資。工作時數分配如下：

實際從事生產工作	80%
機器維護修理	10%
瑕疵品整修工作	10%

固定成本包括下列各項：

間接人工：監工	$40,000
檢驗	20,000

薪工稅為工資總額之 10%

保險費、員工退休金及各種員工福利為工資總額之 15%。

財產稅	$ 4,000
折舊	36,000
水電費	10,000

變動成本按每一直接人工小時計算:

物料	$0.10
動力	0.15

又休假及國定假日之工資支付，作為固定成本處理。

試求:

(a)按實質生產能量為該公司編製製造費用預算表，固定與變動成本應分開計算。

(b)設正常生產能量為實質生產能量之 80%，求該公司正常生產能量（僱用工人 40 人）下之預算。

(c)按直接人工時數為基礎，計算實質生產能量及正常生產能量下之預計製造費用分攤率。

解:

(a)

大　新　公　司

全年度製造費用預算表

實質生產能量: 80,000 直接人工小時

	固定製造費用	變動製造費用	合　計
機器維護及修理	–	$100,000	$100,000
瑕疵品整修	–	100,000	100,000
休假給與	$ 80,000	–	80,000
監　工	40,000	–	40,000
檢　驗	20,000	–	20,000
薪工稅	14,000	100,000	114,000
保險費、員工退休金及			

各項員工福利	21,000	150,000	171,000
財產稅	4,000	–	4,000
折舊費用	36,000	–	36,000
水電費	10,000	–	10,000
物　料	–	8,000	8,000
動力費	–	12,000	12,000
合　　計	$225,000	$470,000	$695,000

實質生產能量: 2,000小時 $\times 50 \times 80\% = 80,000$ 小時

人工費用:	直接人工小時*	固　定	變　動	合　計
直接人工	80,000	–	$ 800,000	$ 800,000
機器維護及修理	10,000	–	100,000	100,000
瑕疵品整修	10,000	–	100,000	100,000
休假給與	8,000	$ 80,000	–	80,000
監　工	–	40,000	–	40,000
檢　驗		20,000	–	20,000
薪工合計		$140,000	$1,000,000	$1,140,000
薪工稅: 10%		$ 14,000	$ 100,000	$ 114,000
保險費、員工退休金及各項員工福利		$ 21,000	$ 150,000	$ 171,000

	百分比	直接人工時數	工人 50人	工人 40人
實際生產	80%	1,600	80,000	64,000
機器維護及修理	10%	200	10,000	8,000
瑕疵品整修	10%	200	10,000	8,000
合　　計	100%	2,000		

(b)

大　新　公　司
全年製造費用預算表
正常生產能量：64,000直接人工小時

	固定製造費用	變動製造費用	合　計
機器維護及修理	–	$ 80,000	$ 80,000
瑕疵品整修	–	80,000	80,000
休假給與	$ 64,000	–	64,000
監　工	40,000	–	40,000
檢　驗	20,000	–	20,000
薪工稅	12,400	80,000	92,400
保險費、員工退休金及各項員工福利	18,600	120,000	138,600
財產稅	4,000	–	4,000
折舊費用	36,000	–	36,000
水電費	10,000	–	10,000
物　料	–	6,400	6,400
動力費	–	9,600	9,600
合　計	$205,000	$376,000	$581,000

正常生產能量：2,000小時 $\times 80\% \times 40 = 64,000$ 小時

	直接人工小時	固　定	變　動	合　計
人工成本：				
直接人工	64,000	–	$640,000	$640,000
機器維護及修理	8,000	–	80,000	80,000
瑕疵品整修	8,000	–	80,000	80,000
休假給與	6,400	$ 64,000	–	64,000
監　工		40,000	–	40,000
檢　驗		20,000	–	20,000
薪工合計		$124,000	$800,000	$924,000
薪工稅：10%		$ 12,400	$ 80,000	$ 92,400
保險費、員工退休金及各項員工福利		$ 18,600	$120,000	$138,600

(c)預計分攤率:

	實質生產能量	正常生產能量
固定製造費用	$225,000	$205,000
變動製造費用	$470,000	$376,000
直接人工小時	80,000	64,000
直接人工每小時分攤率:		
固定	$2.8125	$3.203125
變動	$5.875	$5.875

第十章　分批成本會計制度

選擇題

10.1 A 公司採用分批成本會計制度， 1997 年元月份之在製品帳戶如下：

在製品

日期	項目	金額	日期	項目	金額
1/1	餘額	1,000	1/31	轉入製成品	12,000
1/31	直接原料	6,000			
1/31	直接人工	4,000			
1/31	製造費用	3,200			

該公司製造費用，按直接人工成本之 50%，預計分攤。第 201 批次產品，為元月底唯一未完工產品，已發生直接人工成本$800。請問第201 批次產品之直接原料成本應為若干？

(a)$6,000

(b)$2,200

(c)$1,000

(d)$800

解：(c)

第一步先決定在製品期末存貨數額，其計算如下：

在製品

1/1 餘額	1,000	1/31 轉入製成品	12,000
1/31 直接原料	6,000		
1/31 直接人工	4,000		
1/31 製造費用	3,200	餘　額	2,200
1/31 餘額	2,200		

蓋第 201 批次產品，為唯一未完工產品，故在製品 1月 31日期末餘額，全部屬於該批次產品成本。

因此，第二步求出第 201批次產品之直接原料成本，其計算方法如下：

第201 批次產品

直接原料	x
直接人工	$ 800
製造費用：　$800 × 50%	400
製造成本合計	$2,200

$x = \$2,200 - \$800 - \$400 = \$1,000$

10.2 P 公司採用分批成本會計制度，並按預計分攤率分攤製造費用；1997 年1 月份，該公司交易事項包含下列各項目：

直接原料耗用	$ 90,000
間接材料耗用	8,000
實際製造費用	125,000
已分攤製造費用	113,000
直接人工成本	107,000

另悉期初及期末時，無任何在製品存貨。 1997 年 1 月份，完工產

品應為若干？

(a)$302,000

(b)$310,000

(c)$322,000

(d)$330,000

解：(b)

解答本題目時，須注意下列二點：(1)製造費用係按已分攤製造費用攤入；(2)間接材料耗用已包括在已分攤製造費用之內，不必再加入。

直接原料耗用	$ 90,000
直接人工成本	107,000
已分攤製造費用	113,000
總製造成本	$310,000
加：在製品期初存貨	0
	$310,000
減：在製品期末存貨	0
製成品成本	$310,000

10.3 在傳統的分批成本會計制度之下，各製造部門領用間接材料時，將增加下列那一項目？

(a)材料。

(b)在製品。

(c)製造費用。

(d)已分攤製造費用。

解：(c)

在傳統的分批成本會計制度之下，各製造部門領用間接材料時，將增加實際製造費用，其分錄如下：

製造費用	××	
材料		××

10.4 B 公司採用分批成本會計制度，下列項目出現於 1997 年 4 月份在製品帳戶的借（貸）方:

日期	說明	金額
1	餘額	$ 4,000
30	直接原料	24,000
30	直接人工	16,000
30	製造費用	12,800
30	轉入製成品	(48,000)

B 公司按直接人工成本之 80% 分攤製造費用；成本單#111 為 1997 年4 月 30 日唯一未完工之在製品，已分配直接人工成本$2,000；成本單#111 耗用直接原料成本應為若干？

(a)$3,000

(b)$5,200

(c)$8,800

(d)$24,000

解: (b)

成本單#111 耗用直接原料成本，可計算如下:

在製品

4/1 餘額	4,000	4/30 轉入製成品	48,000
4/30 直接原料	24,000		
4/30 直接人工	16,000		
4/30 製造費用	12,800	4/30 餘額	8,800
4/30 餘額	8,800		

成本單#111 之各項成本，計算如下:

成本單	#111
直接原料 (x)	\$5,200
直接人工成本	2,000
製造費用:　$\$2,000 \times 80\%$	1,600
合計（在製品期末存貨）	\$8,800

$$x = \$8,800 - (\$2,000 + \$1,600) = \$5,200$$

10.5 在分批成本會計制度之下，製造費用按預計分攤率預為分攤。領用直接原料及間接材料，將分別增加下列那些項目?

	領用	
	直接原料	間接材料
(a)	在製品	製造費用
(b)	製造費用	已分攤製造費用
(c)	已分攤製造費用	製成品
(d)	製成品	在製品

解: (a)

在分批成本會計制度之下，領用直接原料及間接材料時，將分別增加在製品及製造費用，其分攤如下:

(1)領用直接原料之分錄:

在製品	××	
材料		××

(2)領用間接材料之分錄:

製造費用	××	
材料		××

第 10.6 題及第 10.7 題係根據下列資料作為解答之依據:

H 公司採用分批成本制度，製造費用按直接人工成本之 150% 預計分攤；任何多或少分攤製造費用，於每月底轉入銷貨成本。其他補充資料如下:

1.1997 年 1 月 31 日，成本單#101 為唯一未完工之在製品，已累積下列各項成本:

直接原料	$20,000
直接人工	10,000
已分攤製造費用	15,000
合　　計	$45,000

2.成本單#102，#103，及#104，於 2 月間動工製造。

3.2 月份領用直接原料$130,000。

4.2 月份分配直接人工$100,000。

5.2 月份實際製造費用$160,000。

6.2 月 28 日，成本單#104 為唯一未完工之在製品，已領用直接原料$14,000 及分配直接人工$9,000。

10.6 H 公司1997 年2 月份之製成品成本應為若干?

(a)$388,500

(b)$390,000

(c)$398,500

(d)$425,000

解: (a)

在製品

2/1/97	45,000	轉入製成品 (x)	
2月份直接原料	130,000		
2月份直接人工	100,000		
2月份已分攤製造費用	150,000	2/28 餘額	36,500
2/28/97	36,500		

成本單　#104

直接原料	$14,000
直接人工	9,000
已分攤製造費用：　$9,000 × 150%	13,500
合計（在製品存貨：　2/28/97）	$36,500

1997 年 2 月份製成品成本 (x)：

$$x = \$45,000 + \$130,000 + \$100,000 + \$150,000 - \$36,500$$
$$= \$388,500$$

10.7 H 公司1997 年2 月 28 日，轉入銷貨成本之多或少分攤製造費用應為若干？

(a)多分攤$3,500。

(b)多分攤$5,000。

(c)少分攤$8,500。

(d)少分攤$10,000。

解：(d)

多或少分攤製造費用，可計算如下：

多或少分攤製造費用＝實際製造費用 － 已分攤製造費用

$$= \$160,000 - \$150,000$$
$$= \$10,000$$ (少分攤)

10.8 R 公司採用分批成本會計制度，按直接人工成本基礎分攤製造費用；已知 1997 年甲製造部之預計分攤率為 200%，乙製造部之預計分攤率為 50%。成本單#123 於 1997 年度開始製造，並於當年度完工，包括下列各項成本：

	甲製造部	乙製造部
直接原料	$50,000	$10,000
直接人工	?	60,000
製造費用	80,000	?

R 公司成本單#123 之製造成本總額應為若干？

(a)$245,000

(b)$255,000

(c)$260,000

(d)$270,000

解：(d)

成本單#123 之製造成本總額，可計算如下：

成本單 #123

	甲製造部	乙製造部	合　計
直接原料	$ 50,000	$ 10,000	$ 60,000
直接人工	40,000(x)	60,000	100,000
製造費用	80,000	30,000(y)	110,000
製造成本總額	$170,000	$100,000	$270,000

$200\%x = \$80,000$

$x = \$40,000$

$y = \$60,000 \times 50\% = \$30,000$

10.9 E 公司接受客戶之訂單，生產小工具；成本單#501之各項成本資料如下：

直接原料耗用	$21,000
直接人工時數	300
每小時直接人工工資	$40
機器工作時數	200
製造費用預計分攤率：每一機器工作小時	$75

E 公司成本單#501 之製造成本總額應為若干？

(a)$46,000

(b)$47,000

(c)$48,000

(d)$49,000

解：(c)

E 公司成本單#501 之製造成本總額，可計算如下：

成本單	#501
直接原料	$21,000
直接人工成本：　300 × $40	12,000
製造費用：　$75 × 200	15,000
製造成本總額	$48,000

10.10 W 公司按直接人工時數為基礎，分攤製造費用；直接人工時數及製造費用之預算數及實際數，分別列示如下：

	預算數	實際數
直接人工時數	300,000	275,000
製造費用	$480,000	$450,000

W 公司之多或少分攤製造費用應為若干？

(a)$30,000

(b)$25,000

(c)$15,000

(d)$10,000

解：(d)

W公司之多或少分攤製造費用，可計算如下：

實際製造費用		$450,000
已分攤製造費用：	$\$1.60^{*} \times 275,000$	440,000
少分攤製造費用		$ 10,000

＊ 每小時預計分攤率 $= \$480,000 \div 300,000 = \$1.60$

第 10.11 題至第10.15 題係根據下列資料為解答之依據：

T 公司 19A 年元月初及元月底，各項存貨資料如下：

	1 月 1 日	1 月 31 日
直接原料	$134,000	$124,000
在製品	235,000	251,000
製成品	125,000	117,000

元月份各項成本資料如下：

直接原料進貨	$189,000
進貨退回及折讓	1,000
進貨運費	3,000
直接人工成本	300,000
實際製造成本	175,000

T 公司按直接人工成本之 60%，分攤製造費用；多或少分攤製造費用，均予遞延，俟 12 月 31 日年度終了時，再予處理。

10.11 T 公司 19A 年元月份之主要成本，應為若干？

(a)$199,000

(b)$201,000

(c)$489,000

(d)$501,000

解：(d)

主要成本包括直接原料及直接人工成本之和，可計算如下：

直接原料期初存貨 (1/1)	$ 134,000
加：原料進貨	189,000
減：進貨退出及折讓	(1,000)
加：進貨運費	3,000
	$ 325,000
減：直接原料期末存貨 (1/31)	(124,000)
直接原料耗用	$ 201,000
加：直接人工成本	300,000
主要成本	$ 501,000

10.12 T 公司 19A 年元月份之製造成本總額，應為若干？

(a)$669,000

(b)$671.000

(c)$679,000

(d)$681,000

解：(d)

製造成本總額乃主要成本加製造費用之合計數，可計算如下：

主要成本	$501,000
製造費用：$\$300,000 \times 60\%$	180,000
製造成本總額	$681,000

10.13 T 公司 19A 年元月份之製成品成本，應為若干？

(a)$663,000

(b)$665,000

(c)$677,000

(d)$687,000

解：(b)

製成品成本，可按下列方式計算：

在製品

1/1 期初餘額	235,000	製成品成本 (x)	665,000
製造成本	681,000	期末餘額	251,000
1/31	251,000		

$$製成品成本\ (x) = \$235,000 + \$681,000 - \$251,000$$
$$= \$665,000$$

10.14 T 公司 19A 年元月份之銷貨成本，應為若干？

(a)$657,000

(b)$671,000

(c)$673,000

(d)$687,000

解：(c)

銷貨成本可按下列方式計算:

製成品

1/1 期初餘額	125,000	銷貨成本 (y)	673,000
製成品成本	665,000	期末餘額	117,000
1/31	117,000		

$$\text{銷貨成本 } (y) = \$125,000 + \$665,000 - \$117,000$$
$$= \$673,000$$

10.15 T 公司 19A 年元月份之多或少分攤製造費用, 應為若干?

(a)少分攤$5,000。

(b)多分攤$5,000。

(c)少分攤$3,000。

(d)多分攤$3,000。

(10.11～10.15美國管理會計師考試試題)

解: (b)

多或少分攤製造費用, 可計算如下:

實際製造費用		$ 175,000
已分攤製造費用:	$\$300,000 \times 60\%$	(180,000)
多分攤製造費用		$ (5,000)

計算題

10.1 淡江公司採用分批成本會計制度, 19A 年元月份發生下列交易事項:

1.購入甲種材料$100,000，乙種材料$40,000（設現金帳戶期初餘額為$300,000）。

2.成本單#101 領用乙種材料$20,000。

3.成本單#102 領用甲種材料$5,000。

4.支付工廠薪工$60,000，並代扣員工薪工所得稅 10%（其餘各項稅捐不予考慮）。

5.薪工分配如下：成本單#101 分配直接人工$30,000，成本單#102 分配直接人工$25,000，其餘$5,000 屬製造費用。

6.向大有公司賒購丙種材料$100,000。

7.修理部領用丙種材料$5,000。

8.成本單#101 領用甲、乙、丙三種材料各$10,000。

9.另支付工廠薪工$80,000，代扣員工薪工所得稅 10%。

10.薪工分配如下：成本單#101分配直接人工$40,000，成本單#102 分配直接人工$30,000，其餘$10,000 屬製造費用。

11.成本單#101 已製造完成，並經轉入製成品帳戶。製造費用按直接人工成本之100%分攤。

12.其他製造費用共計$100,000（貸記雜項帳戶）。

13.成本單#102 於月終時尚未完工，在製製造費用按直接人工成本之 100% 分攤。

試求：請將上述交易事項，分錄之，並過入 T 字形帳戶。

解：

(1)材料－甲	100,000	
材料－乙	40,000	
現金		140,000
(2)在製原料 (#101)	20,000	
材料－乙		20,000

分錄	借方	貸方
(3)在製原料 (#102)	5,000	
材料－甲		5,000
(4)工廠薪工	60,000	
現金		54,000
應付代扣薪工所得稅		6,000
(5)在製人工 (#101)	30,000	
在製人工 (#102)	25,000	
製造費用	5,000	
工廠薪工		60,000
(6)材料－丙	100,000	
應付帳款		100,000
(7)製造費用	5,000	
材料－丙		5,000
(8)在製原料 (#101)	30,000	
材料－甲		10,000
材料－乙		10,000
材料－丙		10,000
(9)工廠薪工	80,000	
應付代扣薪工所得稅		8,000
現金		72,000
(10)在製人工 (#101)	40,000	
在製人工 (#102)	30,000	
製造費用	10,000	
工廠薪工		80,000
(11)在製製造費用 (#101)	70,000	
已分攤製造費用		70,000

$\$70,000 \times 100\% = \$70,000$

製成品 (#101)	190,000	
在製原料 (#101)		50,000
在製人工 (#101)		70,000
在製製造費用 (#101)		70,000

⑿製造費用	100,000	
雜項		100,000

⒀在製製造費用 (#102)	55,000	
已分攤製造費用		55,000

$\$55,000 \times 100\% = \$55,000$

材　　料

(1)	100,000（甲）	(2)	20,000（乙）
(1)	40,000（乙）	(3)	5,000（甲）
(6)	100,000（丙）	(7)	5,000（丙）
		(8)	10,000（甲）
		(8)	10,000（乙）
		(8)	10,000（丙）

現　　金

餘　額	300,000	(1)	140,000
		(4)	54,000
		(9)	72,000

在製原料

(2)	20,000 (#101)	⑾	50,000 (#101)
(3)	5,000 (#102)		
(8)	30,000 (#101)		

工廠薪工

	借		貸
(4)	60,000	(5)	60,000
(9)	80,000	(10)	80,000

在製人工

	借		貸
(5)	30,000 (#101)	(11)	70,000 (#101)
	25,000 (#102)		
	40,000 (#101)		
	30,000 (#102)		

製造費用

	借		貸
(5)	5,000		
(7)	5,000		
(10)	10,000		
(12)	100,000		

應付代扣薪工所得稅

	借		貸
		(4)	6,000
		(9)	8,000

應付帳款

	借		貸
		(6)	100,000

在製製造費用

	借		貸
(11)	70,000 (#101)	(11)	70,000 (#101)
	55,000 (#102)		

已分攤製造費用

	借		貸
		(11)	70,000 (#101)
		(13)	55,000 (#102)

製成品

(11) 190,000 (#101)	

雜　項

	(12) 100,000

10.2 試為淡水公司，就下列各種情況，完成成本單#701 及#702。

(a)製造費用按各部門所發生之原料比率分攤之。第一、第二及第三部門之此項比率分別為 50%、 100% 及 200%。

(b)製造費用按各部門之直接人工成本為分攤基礎。三個部門之此項比率分別為 50%、 100% 及 200%。

成本單 #701					
直接原料		直接人工		製造費用	
第一製造部	$10,000	第一製造部	$ 6,000		
	7,500		1,000		
	2,500		3,000		
第二製造部	5,000	第二製造部	7,500		
	15,000		7,500		
第三製造部	10,000	第三製造部	10,000		
合　計	$50,000	合　計	$35,000		
			成本彙總：	直接原料	
				直接人工	
				製造費用	
				合　計	

成　本　單　#702					
直接原料		直接人工		製造費用	
第一製造部	$10,000	第一製造部	$10,000		
			30,000		
第二製造部	20,000	第二製造部	10,000		
	20,000				
第三製造部	–	第三製造部	20,000		
合　計	$50,000	合　計	$70,000		
			成本彙總: 直接原料		
			直接人工		
			製造費用		
			合　計		

解:

(a)

成　本　單　#701

直接原料		直接人工		製造費用	
第一製造部	$10,000	第一製造部	$ 6,000	第一製造部	$10,000 × 50% = $ 5,000
	7,500		1,000		7,500 × 50% = 3,750
	2,500		3,000		2,500 × 50% = 1,250
第二製造部	5,000	第二製造部	7,500	第二製造部	5,000 × 100% = 5,000
	15,000		7,500		15,000 × 100% = 15,000
第三製造部	10,000	第三製造部	10,000	第三製造部	10,000 × 200% = 20,000
合　計	$50,000	合　計	$35,000	合　計	$ 50,000
				成本彙總: 直接原料	$ 50,000
				直接人工	35,000
				製造費用	50,000
				合　計	$135,000

成　本　單　#702

直接原料		直接人工		製　造　費　用	
第一製造部	$10,000	第一製造部	$10,000	第一製造部	$10,000 × 50% = $ 5,000
			30,000		–
第二製造部	20,000	第二製造部	10,000	第二製造部	20,000 × 100% = 20,000
	20,000		–		20,000 × 100% = 20,000
第三製造部	–	第三製造部	20,000	第三製造部	–
合　計	$50,000	合　計	$70,000	合　計	$ 45,000
				成本彙總：直接材料	$ 50,000
				直接人工	70,000
				製造費用	45,000
				合　計	$165,000

(b)

成　本　單　#701

直接原料		直接人工		製　造　費　用	
第一製造部	$10,000	第一製造部	$ 6,000	第一製造部	$ 6,000 × 50% = $ 3,000
	7,500		1,000		1,000 × 50% = 500
	2,500		3,000		3,000 × 50% = 1,500
第二製造部	5,000	第二製造部	7,500	第二製造部	7,500 × 100% = 7,500
	15,000		7,500		7,500 × 100% = 7,500
第三製造部	10,000	第三製造部	10,000	第三製造部	10,000 × 200% = 20,000
合　計	$50,000	合　計	$35,000	合　計	$ 40,000
				成本彙總：直接原料	$ 50,000
				直接人工	35,000
				製造費用	40,000
				合　計	$125,000

成 本 單 #702

直接原料		直接人工		製 造 費 用	
第一製造部	$10,000	第一製造部	$10,000	第一製造部	$10,000 × 50% =$ 5,000
			30,000		30,000 × 50% = 15,000
第二製造部	20,000	第二製造部	10,000	第二製造部	10,000 × 100% = 10,000
	20,000		–		–
第三製造部	–	第三製造部	20,000	第三製造部	20,000 × 200% = 40,000
合 計	$50,000	合 計	$70,000	合 計	$ 70,000
				成本彙總: 直接原料	$ 50,000
				直接人工	70,000
				製造費用	70,000
				合 計	$190,000

10.3 淡平公司採用分批成本會計制度; 1997 年3 月份, 在製品帳戶列有下列各項:

3 月 1 日, 期初餘額	$ 12,000
直接原料	40,000
直接人工	30,000
製造費用	27,000
製成品成本	100,000

該公司按直接人工成本為基礎, 分攤製造費用。 1997 年 3 月底, 成本單#202 為唯一未完成之在製品, 惟已分攤製造費用$2,250。

試求:

(a)請用 T 字形帳戶, 列示在製品帳戶之期初及期末餘額, 並記錄3 月份有關該帳戶之各交易事項。

(b)計算成本單#202 所耗用直接原料之數額。

(美國會計師考試試題)

解:

(a)

在製品

3/1 期初餘額	12,000	轉入製成品		100,000
直接原料	40,000	3/31 期末餘額		9,000
直接人工	30,000			
製造費用	27,000			
合　　計	109,000	合　　計		109,000

(b)成本單#202 耗用直接原料$4,250; 可計算如下:

成本單	#202
直接原料 (x)	$4,250
直接人工: $\$2,250 \div 90\%^*$	2,500
製造費用	2,250
合　　計	$9,000

$*\$27,000 \div \$30,000 = 90\%$

x=$\$9,000 - \$2,500 - \$2,250$

$=\$4,250$

10.4 淡湖公司 1997 年 12 月份之各項資料如下:

各項存貨帳戶:

直接原料:

12 月 1 日	$9,000
12 月31 日	4,500

在製品:

12 月　1 日: 3,000 件

12 月 31 日: 2,000 件

12 月 1 日與 12 月 31 日之單位成本均相同，包括直接原料每單位 $2.40，及直接人工每單位$0.80。

製成品:

12 月 1 日	$12,000
12 月31 日，包括:	
直接原料	$5,000
直接人工	3,000

其他帳戶:

原料進貨	$84,000
進貨運費	1,500

當月份製造成本總額為$180,000；製造費用為直接人工成本之 200%；進貨運費列為原料進貨成本。

試求：請計算 1997 年 12 月份之下列各項

(a)直接原料耗用。

(b) 12 月 31 日之在製品存貨。

(c)製成品總成本。

(d) 12 月 31 日製成品存貨。

(e)銷貨成本。

（美國會計師考試試題）

解:

直接原料

12/1	9,000	(x)	90,000
進　貨	84,000		
運　費	1,500		
12/31	4,500		

在製品

12/1 (3,000件)	14,400	製成品總成本 (y)	184,800
製造成本	180,000		
12/31 (2,000件)	9,600		

製成品

12/1	12,000	銷貨成本 (z)	182,800
製成品成本	184,800		
12/31	14,000		

銷貨成本

(z)	182,800		

(a)直接原料耗用 (x):

$$x = \$9,000 + \$84,000 + \$1,500 - \$4,500$$
$$= \$90,000$$

(b) 12 月31 日之在製品存貨:

直接原料:	$\$2.40 \times 2,000$	$4,800
直接人工:	$\$0.80 \times 2,000$	1,600
製造費用:	$\$1,600 \times 200\%$	3,200
在製品存貨合計		$9,600

(c)製成品總成本 (y):

12 月 1 日在製品存貨: $(\$2.40 + \$0.80 + \$1.60) \times 3,000 = \$14,400$

$$y = \$14,400 + \$180,000^{*} - \$9,600$$
$$= \$184,800$$

$$\left.\begin{array}{ll} *\text{直接原料:} & \$90{,}000 \\ \text{直接人工:} & 30{,}000 \\ \text{製造費用:} & 60{,}000 \end{array}\right\} \$180{,}000$$

(d) 12 月31 日製成品存貨:

$$\$5,000 + \$3,000 + \$6,000^{*} = \$14,000$$

$$*\$3,000 \times 200\% = \$6,000$$

(e)銷貨成本 (z):

$$z = \$12,000 + \$184,800 - \$14,000 = \$182,800$$

10.5 淡河公司採用分批成本會計制度，製造費用以直接人工時數為基礎，每小時按$25 預計分攤。已知 19A 年期初及期末，均無在製品及製成品存貨。又 19A 年之所有製成品，均於當年度內出售。當年度有關成本資料如下:

直接人工耗用時數	50,000
直接原料領用成本	$ 500,000
直接人工成本	1,000,000
間接人工成本	250,000
間接材料成本	100,000
工廠租金	500,000
雜項製造費用	500,000
銷貨成本	2,750,000

多或少分攤製造費用，於年終時全部轉入銷貨成本帳戶。

試求: 請將上列各有關交易事項，予以分錄，並過入 T 字形帳戶內。

解:

	借	貸
(1)在製原料	500,000	
製造費用	100,000	
材料		600,000
(2)在製人工	1,000,000	
製造費用	250,000	
工廠薪工		1,250,000
(3)在製製造費用	1,250,000	
已分攤製造費用		1,250,000

$\$25 \times 50,000 = \$1,250,000$

	借	貸
(4)製造費用（工廠租金）	500,000	
現金（或應付憑單）		500,000
(5)製造費用	500,000	
現金或雜項有關帳戶		500,000
(6)製成品	2,750,000	
在製原料		500,000
在製人工		1,000,000
在製製造費用		1,250,000
(7)銷貨成本	2,750,000	
製成品		2,750,000
(8)已分攤製造費用	1,250,000	
多或少分攤製造費用	100,000	
製造費用		1,350,000
(9)銷貨成本	100,000	
多或少分攤製造費用		100,000

在製原料

(1)	500,000	(6)	500,000

材　　料

		(1)	600,000

在製人工

(2)	1,000,000	(6)	1,000,000

工廠薪工

		(2)	1,250,000

在製製造費用

(3)	1,250,000	(6)	1,250,000

已分攤製造費用

(8)	1,250,000	(3)	1,250,000

製造費用

(1)	100,000	(8)	1,350,000
(2)	250,000		
(4)	500,000		
(5)	500,000		
	1,350,000		1,350,000

應付憑單

		(4)	500,000

雜　項

		(5)	500,000

製成品

(6)	2,750,000	(7)	2,750,000

銷貨成本

(7)	2,750,000		
(9)	100,000		

多或少分攤製造費用

(8)	100,000	(9)	100,000

10.6 淡海公司採用分批成本會計制度，19B 年 2 月份有關交易事項如下：

1.現購物料 800 件，每件$50。

2.現購物料$3,800，直接交與工廠使用。

3.發出直接原料：

成本單#501　150 件
成本單#502　100 件

4.成本單#501，溢領直接原料 10 件，退回倉庫。

5.支付工廠薪工$20,000，並代扣員工薪工所得稅 10%。

6.工廠薪工內容經分析如下:

直接人工:	600 小時@20	$12,000
間接人工		8,000

薪工分配如下（直接人工）:

成本單#501	400 小時
成本單#502	200 小時

7.由公司通知工廠，包括下列成本通知單:

工廠租金	$2,000
電力及燈光	1,000
機器及設備折舊	2,000
工廠薪工稅	1,200

8.製造費用按直接人工每小時$30，攤入各成本單內。

9.成本單#501，製造產品 100 單位，經轉入製成品。

10.成本單#501，製成品 80 單位，已售予顧客，每單位售價$350。

試求: 請設置下列各工廠帳戶，記錄上述各交易事項，並編製成本單。

材料、製造費用、已分攤製造費用、在製品、製成品、銷貨成本、普通帳。

解:

(1)材料	40,000	
普通帳*		40,000
(2)製造費用	3,800	
普通帳*		3,800

	借	貸
(3)在製品 (#501)	7,500	
在製品 (#502)	5,000	
材料		12,500

	借	貸
(4)材料	500	
在製品 (#501)		500

	借	貸
(5)工廠薪工	20,000	
普通帳*		20,000

	借	貸
(6)在製品 (#501)	8,000	
在製品 (#502)	4,000	
製造費用	8,000	
工廠薪工		20,000

	借	貸
(7)製造費用	6,200	
普通帳*		6,200

	借	貸
(8)在製品 (#501)	12,000	
在製品 (#502)	6,000	
已分攤製造費用 (#501)		12,000
已分攤製造費用 (#502)		6,000

$\$30 \times 400 = \$12,000$
$\$30 \times 200 = \$6,000$

	借	貸
(9)製成品	27,000	
在製品		27,000

$\$7,500 - \$500 + \$8,000 + \$12,000 = \$27,000$

	借	貸
(10)普通帳*	21,600	
製成品		21,600

$\$27,000 \div 100 = \$270$
$\$270 \times 80 = \$21,600$

*本題之上述分錄，係按聯立成本會計制度加以處理者。

成本單		#501
		100 件
直接原料:	$50 × 140	$ 7,000
直接人工:	$20 × 400	8,000
製造費用:	$30 × 400	12,000
製成品成本		$27,000
單位成本		$270

成本單		#502
		100 件
直接原料:	$50 × 100	$5,000
直接人工:	$20 × 200	4,000
製造費用:	$30 × 200	6,000
製成品成本		–
單位成本		–

10.7 淡利公司採用分批成本會計制度；製造費用按直接人工成本 150% 預計分攤。其他補充資料如下:

1.1997 年 1 月 31 日唯一未完工之成本單#101，包括下列成本:

直接原料	$10,000
直接人工	5,000
已分攤製造費用	7,500
合　　計	$22,500

2.成本單#102，#103，及#104 於 2 月間開始生產。

3.直接原料於 2 月間領用$65,000。

4.直接人工於 2 月間支付$50,000。

5.實際製造費用於2 月間共計$80,000。

6.1997 年 2 月 28 日，唯一未完工之成本單#104，發生直接原料 $7,000 及直接人工$4,500。

試求：請用 T 字形帳戶設立在製品、及製造費用二項帳戶，並計算下列各項：

(a)2 月份之製成品成本。

(b)2 月份之多或少分攤製造費用。

（美國會計師考試試題）

解：

在製品

2/1	22,500	轉入製成品(x)	194,250
直接原料	65,000		
直接人工	50,000		
已分攤製造費用	75,000		
2/28	18,250		

製造費用

80,000	

(a) 2 月份製成品成本 (x)：

$$x = \$22,500 + \$65,000 + \$50,000 + \$75,000 - (\$7,000 + \$4,500 + \$6,750) = \$212,500 - \$18,250 = \$194,250$$

(b)少分攤製造費用＝實際製造費用 － 已分攤製造費用

$$= \$80,000 - \$75,000 = \$5,000$$

10.8 淡美公司採用分批成本會計制度；19A 年預計下列各項製造成本：

直接原料	$320,000
直接人工	400,000
製造費用	400,000

成本單#212 於19A 年度，發生下列各項實際成本:

直接原料	$10,000
直接人工	8,000

另悉該公司按直接人工成本為基礎，分攤製造費用；預計分攤率之計算，以年度為準，並於年度開始之前，即按年度預算數，預先設定備用。

試求：請計算 19A 年度成本單#212 之製造成本總額。

（美國會計師考試試題）

解:

製造費用預計分攤率= 製造費用預算數 ÷ 直接人工成本預算數

$= \$400,000 \div \$400,000 = 100\%$

成本單#212 之製造成本總額:

直接原料	$10,000
直接人工	8,000
已分攤製造費用	8,000*
合　　計	$26,000

$*\$8,000 \times 100\% = \$8,000$

10.9 淡月公司 19A 年 1 月份，有關各項存貨餘額及製造成本資料如下:

各項存貨帳戶	1月1日	1月31日
材料（直接原料）	$ 60,000	$ 80,000
在製品	30,000	40,000
製成品	130,000	100,000

1月份各項成本資料如下:

已分攤製造費用	$ 300,000
製成品成本	1,030,000
直接原料耗用	380,000
實際製造費用	288,000

另悉該公司對於多或少分攤製造費用，均於年度終了時，轉入銷貨成本帳戶。

試求：請用 T 字形，設定下列各項帳戶

直接原料、在製品、製成品、銷貨成本、已分攤製造費用、製造費用。

(a)計算下列各項:

(1)直接原料進貨。

(2)直接人工金額。

(3)銷貨成本。

(b)分錄各有關交易事項。

（美國會計師考試試題）

解:

材料（直接原料）

1/1	60,000	耗　用	380,000
直接原料進貨 (x)	380,000		
1/31	80,000		

在製品

1/1	30,000	轉入製成品	1,030,000
直接原料	380,000		
直接人工 (y)	360,000		
已分攤製造費用	300,000		
1/31	40,000		

製成品

1/1	130,000	銷貨成本 (z)	1,060,000
製成品成本	1,030,000		
1/31	100,000		

銷貨成本

1,060,000	

已分攤製造費用

	300,000

製造費用

288,000	

(a)(1)直接原料進貨 (x):

$$x = \$80,000 + \$380,000 - \$60,000 = \$400,000$$

(2)直接人工 (y):

$$y = \$40,000 + \$1,030,000 - (\$30,000 + \$380,000 + \$300,000)$$
$$= \$360,000$$

(3)銷貨成本 (z):

$$z = \$130,000 + \$1,030,000 - \$100,000 = \$1,060,000$$

(b)分錄各有關交易事項:

(1)原料進貨:

材料	400,000	
應付帳款		400,000

(2)領用直接原料:

在製品	380,000	
材料		380,000

(3)分配直接人工:

在製品	360,000	
工廠薪工		360,000

(4)分攤製造費用:

在製品	300,000	
已分攤製造費用		300,000

(5)完工產品轉入製成品:

製成品	1,030,000	
在製品		1,030,000

(6)出售製成品

銷貨成本	1,060,000	
製成品		1,060,000

(7)結清已分攤製造費用:

已分攤製造費用	300,000	
製造費用		288,000
多分攤製造費用		12,000

(8)多分攤製造費用轉入銷貨成本:

多分攤製造費用	12,000	
銷貨成本		12,000

10.10 淡文公司 19A 年 9 月 1 日帳上之存貨如下:

材料（包括原料及物料）	$126,500
在製品	83,200
製成品	111,000

9 月間發生下列成本事項:

1.賒購材料$45,000。

2.領用材料: 直接材料$63,200, 間接材料$9,300。

3.耗用薪工: 直接人工$33,000, 間接人工$18,800, 推銷及管理人員之薪金$26,000。

4.雜項製造費用$27,000。

5.製造費用按直接人工成本150%預為分攤。

6.製成產品計值$126,500。

7.雜項銷管費用$18,350。

8.期末製成品存貨$92,500。

9.銷貨收入$193,500。

試求:

(a)分錄上述各會計事項, 過入 T 字形帳戶, 並結出各存貨帳戶的餘額。

(b)編製 9 月份製成品成本表、銷貨成本表及損益表；多或少分攤製造費用假定直接轉入銷貨成本。

解:

	借	貸
(a)(1)材料	45,000	
應付憑單		45,000
(2)在製品	63,200	
製造費用	9,300	
材料		72,500
(3)在製品	33,000	
製造費用	18,800	
工廠薪工		51,800
銷管費用	26,000	
工廠薪工		26,000
(4)製造費用	27,000	
應付憑單（或現金）		27,000
(5)在製品	49,500	
已分攤製造費用		49,500

$\$33,000 \times 150\% = \$49,500$

	借	貸
(6)製成品	126,500	
在製品		126,500
(7)銷管費用	18,350	
應付憑單（或現金）		18,350
(8)銷貨成本	145,000	
製成品		145,000

$\$111,000 + \$126,500 - \$92,500 = \$145,000$

⑼應收帳款（或現金）	193,500	
銷貨收入		193,500
⑽已分攤製造費用	49,500	
多或少分攤製造費用	5,600	
製造費用		55,100
⑾銷貨成本	5,600	
多或少分攤製造費用		5,600

製造費用

(2)	9,300	⑽	55,100
(3)	18,800		
(4)	27,000		
	55,100		55,100

在製品

餘　額	83,200	(6)	126,500
(2)	63,200		
(3)	33,000		
(5)	49,500	餘　額	102,400
餘　額	102,400		

製成品

餘　額	111,000	(8)	145,000
(6)	126,500	餘　額	92,500
餘　額	92,500		

材　料

餘　額	126,500	(2)	72,500
(1)	45,000	餘　額	99,000
餘　額	99,000		

工廠薪工

		(3)	51,800
		(3)	26,000

銷貨成本

(8)	145,000		
(11)	5,600		

銷管費用

(3)	26,000		
(7)	18,350		

應付憑單

		(1)	45,000
		(4)	27,000
		(7)	18,350

已分攤製造費用

(10)	49,500	(5)	49,500

應收帳款

(9)	193,500		

銷貨收入

		(9)	193,500

多或少分攤製造費用

(10)	5,600	(11)	5,600

(b)

淡　文　公　司
製　成　品　成　本　表
19A 年 9 月 30 日

在製品期初存貨: 19A 年 9 月 1 日		$ 83,200
加: 製造成本:		
直接原料	$63,200	
直接人工	33,000	
製造費用	49,500	145,700
		$ 228,900
減: 在製品期末存貨: 19A 年 9 月30 日		(102,400)
製成品成本		$ 126,500

淡　文　公　司
損益表（包括銷貨成本表）
19A 年 9 月 1 日至 9 月 30 日

銷貨收入		$ 193,500
減: 銷貨成本:		
製成品期初存貨: 19A 年 9 月 1 日	$111,000	
加: 製成品成本	126,500	
	$237,500	
減: 製成品期末存貨: 19A 年 9 月 30 日	(92,500)	
	$145,000	
加: 少分攤製造費用	5,600	(150,600)
銷貨毛利		$ 42,900
減: 銷管費用		(44,350)
本期淨損		$ (1,450)

10.11 淡濱公司 19A 年 5 月份有下列不完整之 T 字形帳戶:

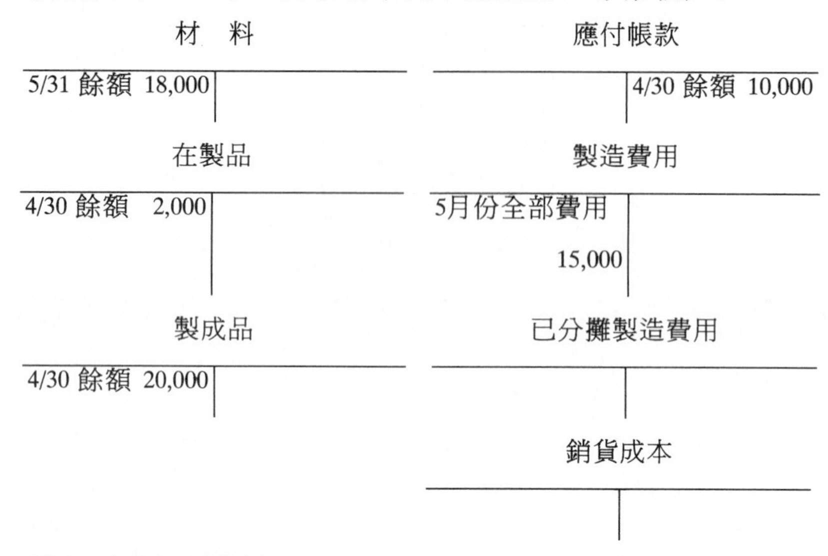

另有下列各項資料:

1.製造費用按直接人工小時為標準預計分攤。19A 年度該公司預計直接人工時數為 150,000 小時，預計製造費用為$225,000。

2.應付帳款僅為購入直接原料而發生，5 月 31 日餘額$5,000，5 月份應付帳款支付$35,000。

3.5 月 31 日製成品存貨餘額為$22,000。

4.5 月份銷貨成本$60,000。

5.5 月 31 日僅有一張訂單尚未製造完成，計耗用直接原料$2,000，直接人工$1,000（400 直接人工小時）；製造費用按預計分攤率分攤。

6.5 月份共耗用直接人工時數 9,400 小時。所有工人亦獲得與此一工作時數計算所得相同之薪工。

7.5 月份所發生之實際製造費用，已全部過入 T字形帳戶。

試求:

(a)5 月份購入材料數額。

(b)5 月份製成品成本。

(c)5 月份已分攤製造費用。

(d)5 月 31 日在製品存貨餘額。

(e)5 月份耗用直接原料成本。

(f)4 月 30 日材料帳戶餘額。

(g)5 月份多或少分攤製造費用數額。

解:

購入材料成本: $x = 30,000$

$\$20,000 + y - \$60,000 = \$22,000$

製成品成本: $y = \$62,000$

預計分攤率（每小時）: $\dfrac{\$225,000}{150,000} = \$1.50$

已分攤製造費用: $\$1.50 \times 9,400 = \$14,100$

每直接人工小時工資率: $\$1,000 \div 400 = \$2.50$

直接人工成本: $\$2.50 \times 9,400 = \$23,500$

$2,000+ 直接原料耗用+$23,500（直接人工）+$14,100（製造費用）

$-\$62,000 = \$3,600$

直接原料耗用 $= \$26,000$

$z + \$30,000 - \$26,000 = \$18,000$

4 月 30 日材料帳戶餘額: $z = \$14,000$

(a) 5 月份購入材料成本$30,000

(b) 5 月份製成品成本$62,000

(c) 5 月份已分攤製造費用$14,100

(d) 5 月 31 日在製品存貨$3,600

(e) 5 月份耗用直接原料成本$26,000

(f) 4 月 30 日材料帳戶餘額$14,000

(g) 5 月份多或少分攤製造費用$900

材　料

借方		貸方	
4/30 餘額			26,000
(z)	14,000		
購入 (x)	30,000	餘　額	18,000
5/31 餘額	18,000		

應付帳款

借方		貸方	
	35,000	4/30 餘額	10,000
餘　額	5,000	(x)	30,000
		5/31 餘額	5,000

在製品

借方		貸方	
4/30 餘額	2,000		62,000
直接材料	26,000		
直接人工	23,500		
製造費用	14,100		
5/31 餘額	3,600*		

已分攤製造費用

借方	貸方
14,100	14,100

製造費用

借方		貸方
5 月份全部製造費用	15,000	15,000

製成品

借方		貸方	
4/30 餘額	20,000		60,000
(y)	62,000	餘　額	22,000
5/31 餘額	22,000		

銷貨成本

借方	貸方
60,000	

多或少分攤製造費用

借方	貸方
900	

*$\$2,000 + \$1,000 + \$600(\$1.50 \times 400) = \$3,600$

$\$10,000 + x - \$35,000 = \$5,000$

10.12 淡潮公司採用分批成本會計制度。19A 年5 月初，有兩批訂單尚在製造過程中：

	成本單#369	成本單#372
直接原料	$2,000	$700
直接人工	1,000	300
已分攤製造費用	1,500	450

5 月 1 日無製成品存貨。 5 月份，成本單#373、#374、#375、#376、#377、#378 及#379，均已開始製造。

5 月份共領用直接原料$13,000，耗用直接人工$10,000，實際製造費用$16,000；已知製造費用分攤率為直接人工成本之 150%。

俟 5 月底時，只剩下成本單#379 尚在製造過程中，其直接原料成本$1,400，直接人工成本$900。製成品存貨中，只剩下成本單#376 尚未出售，其總成本$2,000。

試求：

(a)請設置在製品、製成品、銷貨成本、製造費用及已分攤製造費用等各 T 字形帳戶。

(b)在各 T 字形帳上記錄上列各交易事項。

(c)分錄下列各交易事項：

(1)製成品成本。

(2)銷貨成本。

(3)將多或少分攤製造費用轉入銷貨成本帳戶。

（加拿大會計師考試試題）

解：

(a)及(b)

在製品

5/1 No. 369	4,500	轉入製成品	40,300
No. 372	1,450		
直接原料	13,000		
直接人工	10,000		
製造費用	15,000		
	43,950		40,300

期末餘額 $\$3,650(\$1,400+\$900+\$900\times150\%)$

製成品

在製品轉入	40,300	轉入銷貨成本	38,300

期末餘額$2,000（屬成本單#376）

銷貨成本

製成品轉入	38,300		
少分攤製造費用	1,000		

已分攤製造費用

	15,000		15,000

製造費用

	16,000		16,000

多或少分攤製造費用

	1,000		1,000

(c)(1)製成品成本之分錄:

製成品	40,300	
在製品		40,300

(2)銷貨成本之分錄:

銷貨成本	38,300	
製成品		38,300

(3)多或少分攤製造費用轉入銷貨成本:

銷貨成本	1,000	
多或少分攤製造費用		1,000

10.13 淡金公司生產單一產品，並採用分批成本會計制度。19A 年 12 月 31 日，帳上有關成本資料如下:

1.當年度所加入之總製造成本，包括實際直接原料、實際直接人工、以及按實際直接人工成本分攤之製造費用，共計$1,000,000。

2.製成品成本包括實際直接原料、實際直接人工及已分攤製造費用在內，共計$970,000。

3.製造費用按直接人工成本之 75%，予以攤入在製品成本之內。當年度已分攤製造費用，佔總製造成本之 27%。

4.19A 年1 月 1 日期初在製品存貨，為 12 月 31 日期末存貨之 80%。

試求: 請按實際直接原料、實際直接人工及預計製造費用，為該公司編製 19A 年度正式製成品成本表，並列示各項資料的計算過程。

（美國會計師考試試題）

解:

淡 金 公 司
製 成 品 成 本 表
19A 年度

直接原料耗用	$ 370,000*
直接人工	360,000
已分攤製造費用	270,000
總製造成本	$1,000,000
加: 在製品期初存貨	120,000**
	$ 1,120,000
減: 在製品期末存貨	(150,000)
製成品成本	$ 970,000

補充計算:

已分攤製造費用: $\$1,000,000 \times 27\%$	$ 270,000
直接人工: $\$270,000 \div 75\%$	360,000
直接原料: $\$1,000,000 - (\$270,000 + \$360,000)$	370,000
總製造成本	$1,000,000

設在製品期末存貨為 x, 則

$$\$1,000,000 + 0.8x - x = \$970,000$$

$$0.2x = \$30,000$$

$$x = \$150,000$$

$$0.8x = \$120,000$$

10.14 淡一公司製造多種產品, 採用分批成本會計制度。19A 年 1 月份, 有關成本資料如下:

1.1 月份製造成本中, 直接原料成本佔 7/10, 計$3,500,000, 其餘 3/10, 為直接人工成本及已分攤製造費用。

2.1 月初在製品存貨佔 1 月終在製品帳戶借方總額之 1/6。

3.製造費用按直接人工成本法分攤，其預計分攤率按每元直接人工成本分攤$0.50。

4.1 月初製成品存貨，佔 1 月終製成品帳戶借方總額之 20%，1 月終製成品存貨較期初存貨少$250,000。

5.1 月份所發生之實際製造費用，如按直接人工成本法予以分攤，則每元之人工成本，將分攤$0.48；實際製造費用中，間接材料及間接人工各佔2/5，其他費用佔 1/5。

(6)1 月終在製品存貨，相當於在製品期初存貨之 80%。

試求：根據上列資料，作成淡一公司 19A 年1 月終之月結分錄。

（高考試題）

解：

製造成本：$\$3,500,000 \div \dfrac{7}{10} = \$5,000,000$

直接人工成本及已分攤製造費用：$\$5,000,000 \times \dfrac{3}{10} = \$1,500,000$

直接人工成本 $= \$1,500,000 \times \dfrac{\$1.00}{\$1.00 + \$0.50} = \$1,000,000$

已分攤製造費用 $= \$1,500,000 - \$1,000,000 = \$500,000$

期初在製品：設為 x

$$(x + \$5,000,000) \times \frac{1}{6} = x$$

$$x - \frac{1}{6}x = \frac{\$5,000,000}{6}$$

$$\frac{5}{6}x = \frac{\$5,000,000}{6}$$

$$x = \$1,000,000$$

期末在製品：$\$1,000,000 \times 80\% = \$800,000$

期末製成品：設為 y

$$[y + \$5,000,000 - (y - \$250,000)] \times 20\% = y - \$250,000$$

$$[y + \$5,000,000 - y + \$250,000] \times 20\% = y - \$250,000$$

$$\$5,250,000 \times 20\% = y - \$250,000$$

$$y = \$1,300,000$$

期末製成品 $= \$1,300,000 - \$250,000 = \$1,050,000$

實際製造費用 $= \$1,000,000 \times 0.48 = \$480,000$

包括: 間接材料: $\$480,000 \times \frac{2}{5} = \$192,000$

間接人工: $\$480,000 \times \frac{2}{5} = \$192,000$

其他費用: $\$480,000 \times \frac{1}{5} = \$96,000$

多分攤製造費用 $= \$500,000 - \$480,000 = \$20,000$

月結分錄:

科目	借	貸
(1)在製品	3,500,000	
製造費用	192,000	
材料		3,692,000
(2)在製品	1,000,000	
應付薪工		1,000,000
(3)製造費用	288,000	
應付薪工		192,000
其他費用帳戶		96,000
(4)在製品	500,000	
已分攤製造費用		500,000
(5)製成品	5,200,000	
在製品		5,200,000
(6)銷貨成本	5,450,000	
製成品		5,450,000

(7)已分攤製造費用	500,000	
製造費用		480,000
多分攤製造費用		20,000
(8)多分攤製造費用	20,000	
在製品		2,192
製成品		2,876
銷貨成本		14,932

在製品	$ 800,000	10.96%	$ 2,192
製成品	1,050,000	14.38%	2,876
銷貨成本	5,450,000	74.66%	14,932
合　計	$7,300,000	100.00%	$20,000

10.15 淡天公司 1997 年各項存貨之期初及期末餘額如下:

	各項存貨帳戶	
	1/1/97	12/31/97
材料（直接）	$75,000	$ 85,000
在製品	80,000	30,000
製成品	90,000	110,000

其他補充資料如下:

1.直接原料耗用$326,000。

2.1997年度，總製造成本（包括直接原料、直接人工及製造費用；製造費用按直接人工成本之 60% 預計分攤）為$686,000。

3.製成品成本及製成品期初存貨之合計數為$826,000。

4.實際製造費用為$125,000；多或少分攤製造費用轉入銷貨成本帳戶。

試求：請設立下列各項目之T 字形帳戶

原料、在製品、製成品、及銷貨成本；計算下列各項目，並分錄之：

(a)原料進貨金額。

(b)直接人工成本。

(c)製成品成本。

(d)銷貨成本。

（美國管理會計師考試試題）

解：

材　料

1/1	75,000	耗用數	326,000
進貨 (x)	336,000		
12/31	85,000		

銷貨成本

	716,000		

在製品

1/1	80,000	製成品成本 (z)	736,000
直接原料	326,000		
直接人工 (y)	225,000		
製造費用	135,000		
12/31	30,000		

製成品

1/1	90,000	銷貨成本 (p)	716,000
製成品成本	736,000		
12/31	110,000		

(a)原料進貨金額 (x):

$$x = \$326,000 + \$85,000 - \$75,000 = \$336,000$$

(b)直接人工成本 (y):

直接原料 ＋直接人工 ＋製造費用 ＝製造成本

$$\$326,000 + y + 0.6y = \$686,000$$

$$1.6y = \$360,000$$

$$y = \$225,000$$

(c)製成品成本 (z):

$$z = \$80,000 + \$326,000 + \$225,000 + \$135,000 - \$30,000$$

$$= \$736,000$$

(d)銷貨成本 (p):

$$p = \$90,000 + \$736,000 - \$110,000 = \$716,000$$

各項分錄:

(1)原料進貨:

材料	336,000	
應付帳款		336,000

(2)領用原料:

在製品	326,000	
材料		326,000

(3)分配直接人工:

在製品	225,000	
工廠薪工		225,000

⑷分攤製造費用：

在製品	135,000	
已分攤製造費用		135,000

⑸完工產品轉入製成品：

製成品	736,000	
在製品		736,000

⑹製成品出售：

銷貨成本	716,000	
製成品		716,000

⑺結清已分攤製造費用：

已分攤製造費用	135,000	
製造費用		125,000
多分攤製造費用		10,000

⑻多分攤製造費用轉入銷貨成本帳戶：

多分攤製造費用	10,000	
銷貨成本		10,000

第十一章　分步成本會計制度

選擇題

11.1 X 公司1997 年4 月 30 日在製品存貨之數量及完工程度，分別如下：

數　量	完工程度
400	90%
200	80%
800	10%

X公司之約當產量，應為若干？

(a) 600

(b) 720

(c) 1,320

(d) 1,400

解：(a)

X 公司因無期初在製品存貨，因此，不論採用先進先出法，或加權平均法，均可獲得相同之計算結果。茲列示約當產量之計算如下：

數　量	完工程度	約當產量
400	90%	360
200	80	160
800	10	80
約當產量合計		600

11.2 M 公司於 A 製造部開始製造時，即予加入原料； 1997 年5 月 1 日，在製品 4,000 單位，已加工完成 75%；俟 1997 年5 月 31 日，在製品存貨 3,000 單位，已加工完成 50%； 5 月份完工產品轉入製成品者計 6,000 單位。分析 5 月 1 日在製品存貨成本及 5 月份生產情形如下:

	直接原料成本	加工成本
在製品 (5/1)	$4,800	$2,400
5 月份加入成本	7,800	7,200

假定 M 公司採用加權平均法，請問5 月份每單位約當產量之總成本，應為若干?

(a)$2.47

(b)$2.50

(c)$2.68

(d)$3.16

解: (c)

第一步，先求出產量之流動情形如下:

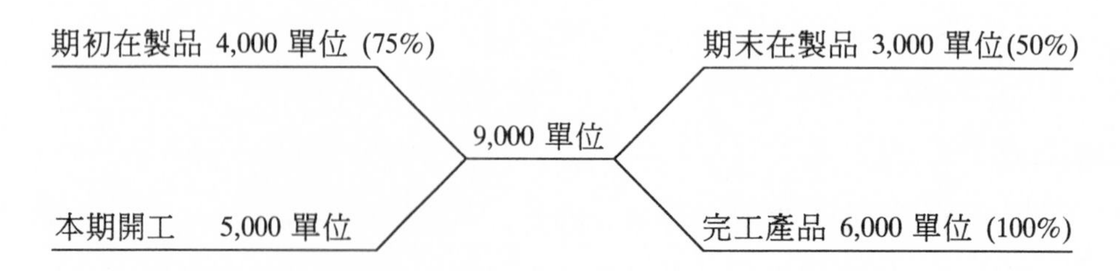

第二步，計算約當產量如下:

	直接原料	加工成本
完工產品	6,000	6,000
在製品 (50%)	3,000	1,500
約當產量	9,000	7,500

第三步，計算約當產量之單位總成本如下：

$$\text{直接原料單位成本} = \frac{\$4,800+\$7,800}{9,000} = \$1.40$$

$$\text{加工成本單位成本} = \frac{\$2,400+\$7,200}{7,500} = 1.28$$

$$\text{合　計} \qquad \$2.68$$

11.3 G 公司A 製造部為生產過程中之最初階段；在 A 製造部之期初在製品，完工程度 80%，期末在製品之完工程度為 50%。1997 年 1 月份，該部門加工成本之有關資料如下：

	數量單位	加工成本
在製品 (1/1/97)	5,000	$ 4,400
本期開工	27,000	28,600
完工轉入下一部門	20,000	

假定 G 公司按先進先出法計算約當產量，則 1997 年1 月 31 日期末在製品存貨之加工成本應為：

(a)$6,600

(b)$7,620

(c)$7,800

(d)$9,000

解：(c)

第一步，先計算期末在製品數量如下：

在製品

1/1/97	5,000	完工轉入次部	20,000
本期開工	27,000		
期末在製品	12,000		

第二步，計算先進先出法之約當產量如下：

		加工成本
期初在製品加工完成：	$5,000 \times 20\%$	1,000
本期開工、本期完成：	$20,000 - 5,000$	15,000
期末在製品：	$12,000 \times 50\%$	6,000
約當產量		22,000

最後，計算期末在製品之加工成本：

每單位加工成本： $\$28,600 \div 22,000 = \$1.30$

期末在製品存貨之加工成本： $6,000 \times 1.30 = \$7,800$

11.4 F 公司A 製造部 1997 年 1 月份第一個生產階段之有關資料如下：

	直接原料	加工成本
期初在製品	$ 2,000	$ 1,500
當期成本	10,000	8,000
總成本	$12,000	$ 9,500
按加權平均法之約當產量	25,000	23,750
平均單位成本	$0.48	$0.40

已知完工產品 22,500 單位，期末在製品 2,500 單位，完工程度 50%。另悉直接原料係於開工時，一次領用，加工成本按施工比率加入。假定 F 公司按加權平均法計算約當產量，則已發生的成本，應如何分配？

	完工產品	期末在製品
(a)	$19,800	$1,700
(b)	$19,800	$2,200
(c)	$21,500	–0–
(d)	$22,000	$1,700

解: (a)

F 公司 A 製造部已發生的成本，應分配至完工產品及期末在製品如下:

	直接原料	加工成本	合　計
完工產品: 22,500 單位			
每單位直接原料$0.48	$10,800	–	$10,800
每單位加工成本$0.40	–	$9,000	9,000
完工產品成本	$10,800	$9,000	$19,800
期末在製品: 2,500 單位 (50%)			
每單位直接原料$0.48	$ 1,200	–	$ 1,200
每單位加工成本$0.40		$ 500	500
期末在製品成本	$ 1,200	$ 500	$ 1,700
合　　計	$12,000	$9,500	$21,500

11.5　D 公司1997 年6 月份之產量如下:

	單　位
在製品 (6/1) ——完工70%	4,000
本期開工	16,000
完工轉入製成品	13,200
非正常損壞品	800
在製品 (6/30) ——完工60%	6,000

已知原料於開工時一次領用; 加工成本依施工比率耗用; 損壞品於期末時發現。設 E 公司對於約當產量之計算，係按加權平均法,

則 6 月份加工成本之約當產量應為若干?

(a) 16,800

(b) 17,600

(c) 18,000

(d) 18,400

解: (b)

第一步，先列出產量流程如下:

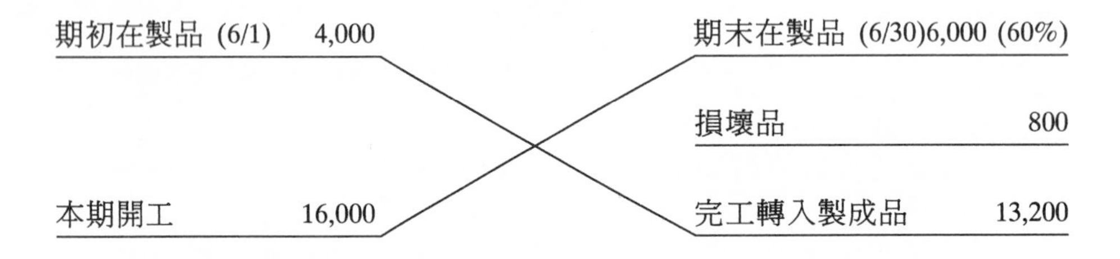

第二步，計算加工成本之約當產量如下:

		加工成本: 加權平均法
完工產品		13,200
期末在製品:	$6,000 \times 60\%$	3,600
損壞品		800*
約當產量		17,600

*凡非正常損壞品，應包括於約當產量之計算，藉以認定損壞品損失於發生之際。至於正常之損壞品，為生產過程中所無法避免之成本，因此，應包括於產品成本之內，在計算約當產量時，不予計算在內，使損壞品成本，攤入完工產品之內。本題中損壞品係於期末時發現，故按實際數量計算；如損壞品提早於完工之前發現時，則應按完工比率計算加工成本之約當產量。

11.6 T 公司採用分步成本會計制度，並按先進法計算約當產量，所有原料均於開工時，一次加入於 A 製造部。1997 年1 月份，有關成本資料如下：

	單　位
在製品 (1/1/97)：完成 40%，加工成本按施工比率	300
本期開工	1,200
完工移轉 B 製造部	1,260
在製品 (1/31/97)：完成 25%，加工成本按施工比率	240

1997 年1 月份約當產量應為若干？

	直接原料	加工成本
(a)	1,500	1,320
(b)	1,500	1,140
(c)	1,200	1,320
(d)	1,200	1,200

解：(d)

第一步，先列出產品流量情形如下：

第二步，計算約當產量如下：

	先進先出法		
	直接原料	加工成本	
在製品加工完成	0	180	(300 × 60%)
本期開工完成	960	960	(1,260 − 300)
期末在製品	240	60	(240 × 25%)
約當產量	1,200	1,200	

11.7 E 公司1997 年4 月份，預計銷貨量 50,000 單位；另有下列補充資料：

	單位數量
實際存貨 (4/1)：	
在製品	–0–
製成品	15,000
預計存貨 (4/31)：	
在製品（完工程度： 75%）	3,200
製成品	12,000

E 公司 1997 年 4 月份預計約當產量應為若干？

(a) 50,600

(b) 50,200

(c) 49,400

(d) 47,000

解：(c)

第一步列出 4 月份生產預算如下：

預計銷貨量	50,000
預計期末製成品	12,000
合　　計	62,000
減：期初製成品	(15,000)
待完工產品數量	47,000

第二步列出 4 月份產品流程如下：

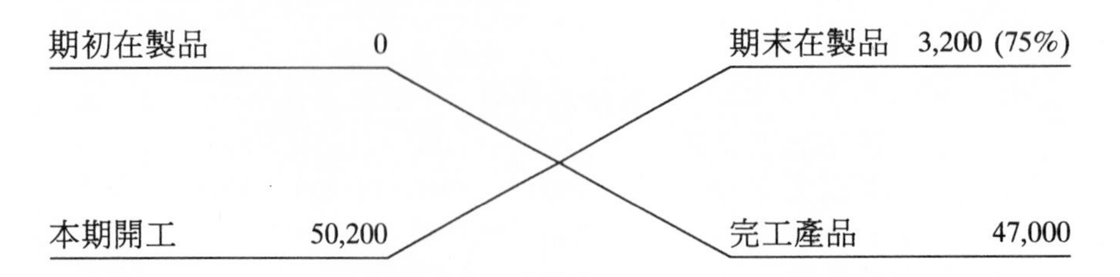

第三步 4 月份預計約當產量計算如下:

$$47,000 + 3,200 \times 75\% = 49,400 \text{（單位）}$$

附註: 無期初在製品時, 不論是先進先出法, 或者是加權平均法, 均可獲得相同之結果。

11.8 L 公司甲製造部19A 年 6 月份之各項有關資料如下:

	數　量	原料成本
在製品期初存貨:	15,000	$ 5,500
6 月份開工生產	40,000	18,000
完工產品	42,500	
在製品期末存貨	12,500	

原料於開工時, 一次領用; 假定 L 公司採用加權平均法, 每一約當產量之原料成本, 應為若干?

(a)$0.59

(b)$0.55

(c)$0.45

(d)$0.43

解: (d)

在加權平均法之下, 係認定所有在製品期初存貨, 均於當期內完工。約當產量乃完工產品數量加上在製品期末存貨數量乘以完工百分比。在本題中, 原料於開工時一次領用; 因此, 所有在製品期末存貨, 均已 100% 耗用原料。

在加權平均法之下, 在製品期初存貨成本, 悉數加入當期發生的成本, 以計算約當產量之單位成本; 每一約當產量之原料成本, 可計算如下:

完工產品數量	42,500
期末在製品 $(12,500 \times 100\%)$	12,500
約當產量	55,000
在製品期初存貨之原料成本	$ 5,500
6 月份發生的原料成本	18,000
	$23,500

每一約當產量之原料成本: $\$23,500 \div 55,000 = \$0.43$

11.9 在分步成本會計制度之下，於計算約當產量時，對於在製品期初存貨之完工百分比，是否應包括於下列二種計算約當產量的方法之內?

	先進先出法	加權平均法
(a)	是	非
(b)	是	是
(c)	非	非
(d)	非	是

解: (a)

在先進先出法之下，在製品期初存貨的成本，應與當期生產的產品成本分開。因此，採用先進先出法計算當期的約當產量時，應按在製品期初存貨完工百分比，以計算其約當產量，並從當期生產的約當產量扣除之。

在加權平均法之下，所有成本（包括在製品期初存貨成本），均予以彙總，以計算單一之約當產量；故對於在製品期初存貨之完工百分比，不必考慮，按數量單位悉數加入。

11.10 在計算每一約當產量之製造成本時，分步成本制度之加權平均法，

考慮:

(a)僅當期成本。

(b)當期成本加在製品期末存貨。

(c)當期成本加在製品期初存貨。

(d)當期成本減在製品期初存貨。

解: (c)

分步成本制度之加權平均法，將在製品期初存貨成本與當期發生的成本，混合計算；然後將這些成本，攤入所有生產之約當產量，包括完工產品及在製品期末存貨之約當產量在內。在先進先出法之下，在製品期初存貨，則應與當期開工生產的產品，分開計算。

11.11 在分步成本制度之下，採用加權平均法計算加工成本之約當產量時，期初或期末存貨在本期完成的百分比，是否應包括在內:

	期初在製品存貨	期末在製品存貨
(a)	非	非
(b)	非	是
(c)	是	非
(d)	是	是

解: (c)

採用加權平均法計算加工成本之約當產量時，期初在製品存貨在本期完成的百分比，不必予以考慮，將數量單位悉數包括於完工產品；期末在製品存貨在本期完成的百分比，則應予考慮，按完工百分比計算其約當產量。

11.12 在先進先出法之下，於計算當期每一約當產量之製造成本時，當期成本應考慮下列那一（些）項目:

⒜僅當期成本。

⒝當期成本加在製品期初存貨成本。

⒞當期成本減在製品期初存貨成本。

⒟當期成本加在製品期末存貨成本。

解: ⒜

在先進先出法之下，在製品期初存貨成本，應與當期成本分開計算；每一約當產量之製造成本，係以當期製造成本，除以當期之約當產量而得之。

11.13 M 公司第二製造部之原料，係於完工達 60%時，一次加入；在製品期末存貨，已完成 50%，是否應包括於計算下列成本之約當產量:

	加工成本	原料成本
⒜	是	非
⒝	非	是
⒞	非	非
⒟	是	是

解: ⒜

在分步成本制度之下，本題之原料係於完工達 60% 時，一次加入；在製品期末存貨，僅完工 50%，故未領用任何原料。至於加工成本，係按完工程度，均勻地加入在製品成本。請讀者注意，在分步成本制度之下，不論採用先進先出法或加權平均法，均須以在製品期末存貨數量，作為計算當期約當產量之一部份。

11.14 Y 公司 19A 年 4 月 30 日之在製品期末存貨數量及完工程度如下:

在製品期末存貨數量	完工百分比
100	90
50	80
200	10

Y 公司計算約當產量時，在製品期末存貨之約當產量，應為若干？

(a) 350

(b) 330

(c) 180

(d) 150

解：(d)

在製品期末存貨之約當產量，計算如下：

在製品期末存貨數量	完工百分比	約當產量
100	90	90
50	80	40
200	10	20
合　計		150

11.15 B 公司原料於開工時，一次領用； 19A 年 4 月份，在製品期末存貨之各項資料如下：

	數量單位
在製品期初存貨： 4/1	
(加工成本完成60%)	3,000
4 月份開工生產	25,000
完工產品	20,000
在製品期末存貨： 4/30	
(加工成本完成75%)	8,000

在加權平均法之下，計算加工成本之約當產量，應為若干？

(a) 26,000

(b) 25,000

(c) 24,200

(d) 21,800

解: (a)

在加權平均法之下，加工成本之約當產量，計算如下：

	實際數量	完工百分比	加工成本之約當產量
完工產品	20,000	100%	20,000
在製品期末存貨	8,000	75%	6,000
合　計			26,000

下列資料係用於解答第 11.16 題至第 11.19 題之根據：

L 公司採用分步成本會計制度，所有原料均於開工時一次領用，加工成本則按完工百分比計入。19A 年 11 月份，有關資料列示如下：

	單位數量
在製品期初存貨：11/1	1,000
(加工成本：60%)	
本期開工生產數量	5,000
合　計	6,000
完工產品：	
由在製品期初存貨完成之部份	1,000
本期開工、本期完成	3,000
在製品期末存貨：11/30	2,000
(加工成本：20%)	
合　計	6,000

11.16 L 公司如使用先進先出法，以計算 11 月份直接原料之約當產量時，應為若干？

(a) 6,000單位。

(b) 5,000單位。

(c) 4,400單位。

(d) 3,800單位。

解: (b)

在先進先出法之下，計算直接原料及加工成本之約當產量，僅包括當期加入生產行列之直接原料及加工成本，不包括前期加入的部份；因此，計算直接原料之約當產量，為在製品期初存貨於本期完成的部份（在製品期初存貨數量乘完工百分比），加上本期開工完成（完工數量乘 100%），及在製品期末存貨於本期完成的部份（在製品期末存貨數量乘完工百分比）。

	數量單位	原料之約當產量
在製品期初存貨	1,000	0
本期開工、本期完成	3,000	3,000
在製品期末存貨	2,000	2,000
合　　計		5,000

11.17 L 公司如使用先進先出法，以計算 11 月份加工成本之約當產量時，應為若干?

(a) 3,400單位。

(b) 3,800單位。

(c) 4,000單位。

(d) 4,400單位。

解: (b)

加工成本之約當產量，可計算如下:

	數量單位	完工百分比	加工成本之約當產量
由在製品期初存貨完成 /60%	1,000	40%	400
本期開工、本期完成	3,000	100%	3,000
在製品期末存貨 /20%	2,000	20%	400
合　　計			3,800

11.18 L 公司如使用加權平均法，以計算 11 月份直接原料之約當產量時，應為若干？

(a) 3,400 單位。

(b) 4,400 單位。

(c) 5,000 單位。

(d) 6,000 單位。

解：(d)

加權平均法與先進先出法之區別，主要在於對在製品期初存貨的處理上；先進先出法將在製品期初存貨成本，與當期開工生產的成本，分開計算。加權平均法則將在製品期初存貨成本，與本期開工生產的成本，混合計算。直接原料之約當產量，計算如下：

	數量單位	直接原料之約當產量
完工產品：		
由在製品期初存貨完成	1,000	1,000
本期開工、本期完成	3,000	3,000
在製品期末存貨	2,000	2,000
合　　計		6,000

11.19 L 公司如使用加權平均法，以計算 11 月份加工成本之約當產量時，應為若干？

(a) 3,400單位。

(b) 3,800單位。

(c) 4,000單位。

(d) 4,400單位。

（ 11.16 至 11.19 美國管理會計師考試試題）

解: (d)

在加權平均法之下，在製品期初存貨成本於前期已加入的部份，與本期加入的成本，合併計算。茲列示其計算如下:

	數量單位	加工成本之約當產量
完工產品:		
由在製品期初存貨完成	1,000	1,000
本期開工、本期完成	3,000	3,000
在製品期末存貨 /20%	2,000	400
合　計		4,400

計算題

11.1 亞文公司乙製造部 19A 年 4 月份有關成本資料如下:

本部開工之產品數量		10,000
本部完工移轉後部數量	5,000	
在製品期末存貨（4月 30日）:		
完工程度 50%（包括各種成本因素）	4,000	
損壞品	1,000	
合　計	10,000	10,000
當月份乙製造部成本如下:		
直接原料		$21,000
直接人工		14,000
製造費用		7,000
合　計		$42,000

試求：請計算下列各項

(a)乙製造部完工產品移轉後部成本。

(b)在製品期末存貨成本。

解:

(1)約當產量:

	實際數量	本期完工比例	原料及加工成本之約當產量
完工移轉後部數量	5,000	100%	5,000
在製品期末存貨數量	4,000	50%	2,000
損壞品	1,000	–	0
	10,000		7,000

(2)單位成本:

直接原料: $\frac{\$21,000}{7,000} = \$3.00$

直接人工: $\frac{\$14,000}{7,000} = \$2.00$

製造費用: $\frac{\$7,000}{7,000} = \$1.00$

合　計　$6.00

(3)成本分配:

(a)完工產品移轉後部成本: $\$6 \times 5,000 = \$30,000$

(b)在製品期末存貨成本: $\$6 \times 4,000 \times 50\% = 12,000$

合　計　$42,000

附註：先進先出法與加權平均法之區別，主要在於對在製品期初存貨的處理；本題因無在製品期初存貨，故採用兩種方法中之任何一種方法，均無不同。

11.2 東文公司甲製造部 19A 年 10 月份，發生下列各項成本:

直接原料	$76,000
直接人工	3,000
其他加工成本	14,000
合　　計	$93,000

10月份完工產品 30,000 單位，在製品期末存貨 8,000 單位，完工 50%；原料於甲製造部開工時一次領用；加工成本則按完工程度計入；另悉無任何在製品期初存貨。

試求：請計算下列各項

(a)完工產品成本。

(b)在製品期末存貨成本。

解:

(1)約當產量:

	實際數量	本期完工比例	直接原料	加工成本
完工產品	30,000	100%	30,000	30,000
在製品期末存貨 (10月 31日)	8,000	50%	8,000	4,000
合　　計	38,000		38,000	34,000

(2)單位成本:

直接原料:	$\$76,000 \div 38,000$ =	$2.0000
直接人工:	$\$3,000 \div 34,000$ =	0.0882
其他加工成本:	$14,000 \div 34,000$ =	0.4118
合　　計		$2.5000

(a)完工產品成本:		$2.50 × 30,000		$75,000
(b)在製品期末存貨成本:	直接原料:	$2 × 8,000	$16,000	
	加工成本:	$0.50 × 4,000	2,000	18,000
總成本				$93,000

附註: 本題因無在製品期初存貨, 故不論採用先進先出法, 或加權平均法, 其結果並無不同。

11.3 經文公司採用分步成本會計制度。產品的製造程序, 係將甲原料與乙原料混合於同一製造部門, 以製造 A 種產品。產品成本每月結算一次, 原料之耗用係採用先進先出法。有關成本資料如下:

1. 3 月1 日存貨:

甲原料 10,000 單位, 每單位$24
乙原料 30,000 單位, 每單位$3
無在製品存貨。

2. 3 月份甲原料收入 5,000 單位, 每單位$25。

3. 3 月份領用原料如下:

甲原料 4,000 單位
乙原料 11,000 單位

4.本月份發生下列製造費用:

監　工	$ 5,000
工　資	16,000
燈光及電力	1,000
折　舊	4,000
其　他	1,550
合　　計	$27,550

5. 3 月31 日期末存貨:

甲原料:　11,000 單位
乙原料:　19,000 單位

在製品存貨，A 產品 1,500 單位，原料於開工時一次領用，加工成本分攤三分之二。

6.本月份製成 A 產品 13,500 單位。

試求:

(a)計算 3 月份產品之單位成本。

(b)將上列交易事項記入T 字形帳戶。

解:

(a) 3 月份平均單位成本:

(1)約當產量:

	單位數量	本月份完工比例	直接原料	加工成本
完工產品	13,500	1	13,500	13,500
在製品期末存貨	1,500	$\frac{2}{3}$	1,500	1,000
	15,000		15,000	14,500

(2)成本彙總:

直接原料:

	期初存料	購入原料	合　計	期末存料	耗用原料	
甲	10,000	5,000	15,000	11,000	4,000	
	@24	@25	–	–	@24	$ 96,000
乙	30,000	–	30,000	19,000	11,000	
	@3	–	–	–	@3	33,000
直接原料成本合計						$129,000
加工成本						27,550
總成本						$156,550

(3)單位成本:

$$\text{直接原料:}\ \frac{\$129,000}{15,000} = \$\ 8.60$$

$$\text{加工成本:}\ \frac{\$27,550}{14,500} = \$\ 1.90$$

$$\text{合計}\ \$10.50$$

(b)

甲原料

借		貸	
餘　額	240,000	(2)	96,000
(1)	125,000		

乙原料

借		貸	
餘　額	90,000	(2)	33,000

製造部成本

借		貸	
(2)	129,000	(5)	141,750*
(4)	27,550	(6)	14,800
	156,550		156,550

普通帳

借		貸	
		餘　額	330,000
		(1)	125,000
		(3)	27,550

製成品

借		貸	
(5)	141,750		

在製品

(6)	14,800		

製造費用

(3)	27,550	(4)	27,550

$*10.50 \times 13,500 = \$141,750$

11.4 惠文化學公司採用分步成本會計制度。製造程序須經二個部門:原料於甲製造部混合，經完成後再轉入乙製造部繼續加工。19A 年 1 月 31 日在製品完工程度 50%; 又知原料於開工時一次領用，加工成本則按施工比例分攤。損壞產品之成本由完工產品及在製品按約當產量平均分攤之。元月份有關資料列示如下:

	甲製造部	乙製造部
生產數量		
在製品期初存貨，1 月 1 日	-0-	-0-
本部開工或前部轉入	100,000	92,000
本部轉出	92,000	80,000
在製品期末存貨，1 月 31 日	7,000	10,000
損壞品	1,000	2,000
生產成本:		
前部轉來成本		$138,000
直接原料	$ 49,500	-0-
直接人工	57,300	42,500
製造費用	38,200	38,250
合　計	$145,000	$218,750

試求: 請按先進先出法為該公司二個製造部門，計算其移轉後部成本，及期末在製品存貨成本。

解:

(a)甲製造部:

(1)成本彙總:

直接原料		$ 49,500
加工成本:		
直接人工	$57,300	
製造費用	38,200	95,500
合　　計		$145,000

(2)約當產量:

	實際數量	本月份完工比例	直接原料	加工成本
完工移轉後部	92,000	100%	92,000	92,000
在製品	7,000	50%	7,000	3,500
損壞品	1,000	–	0	0
	100,000		99,000	95,500

(3)單位成本:

直接原料: $\frac{\$49,500}{99,000} = \$0.50$

加工成本: $\frac{\$95,500}{95,500} = \$1.00$

合　　計　$1.50

(4)成本分配:

完工移轉後部成本:	$\$1.50 \times 92,000$		$138,000
在製品期末存貨成本:			
直接原料:	$\$0.50 \times 7,000$	$3,500	
加工成本:	$\$1.00 \times 7,000 \times 50\%$	3,500	7,000
			$145,000

(b)乙製造部:

(1)成本彙總:

前部轉來成本		$138,000
加工成本:		
直接人工	$42,500	
製造費用	38,250	80,750
合　　計		$218,750

(2)約當產量:

	實際數量	本月份完工比例	前部轉來	加工成本
完工移轉製成品	80,000	100%	80,000	80,000
在製品	10,000	50%	10,000	5,000
損壞品	2,000	—	0	0
	92,000		90,000	85,000

(3)單位成本:

前部轉來成本: $\frac{\$138,000}{90,000} = \$1.5333$

加工成本: $\frac{\$80,750}{85,000} = \$0.9500$

合　　計　$2.4833

(4)成本分配:

完工轉入製成品成本:	$2.4833 \times 80,000$		$198,667
在製品期末存貨成本:			
前部轉來成本:	$1.5333 \times 10,000$	15,333	
加工成本:	$0.9500 \times 5,000$	4,750	20,083
			$218,750

附註: 本題因無在製品期初存貨, 不論採用先進先出法, 或加權平均法, 其結果並無差別。

11.5 雅文公司採用分步成本會計制度。該公司擁有甲、乙、丙三個製造部門, 每一製造部門每日所製造的產品, 均於當天完成, 並準備隨時轉入後部。每一部門移轉後部成本之計算, 均採用先進先出法。 19A 年 11 月份有關成本資料如下:

	甲製造部		乙製造部		丙製造部	
	產　量	成　本	產　量	成　本	產　量	成　本
各部已完工未移轉後部之在製品 — 11月1日	10,000	$ 20,000	8,000	$24,000	12,000	$42,000
本部開工或前部轉來	90,000	153,000	88,000	(c)	86,000	(f)
本部耗用成本		31,500		87,620		45,040
移轉後部	88,000	(a)	86,000	(d)	89,000	(g)
期末各部已完工未移轉後部在製品 — 11月 30日	12,000	(b)	10,000	(e)	9,000	(h)

試將文字的部份計算之。

解:

	甲製造部	乙製造部	丙製造部
本部開工或前部轉來成本	$153,000	$179,900	$261,120
本部耗用成本	31,500	87,620	45,040
合　　計	$184,500	$267,520	$306,160
本部開工或前部轉來數量	90,000	88,000	86,000
本部開工完成單位成本	$2.05	$3.04	$3.56
移轉後部成本:			
在製品期初存貨成本	$ 20,000	$ 24,000	$ 42,000
本期成本	159,900[(1)]	237,120[(3)]	274,120[(5)]
	$179,900(a)	$261,120(d)	$316,120(g)

在製品期末存貨成本:			
$2.05 × 12,000	$ 24,600(2)	$30,400(4)	$ 32,040(6)
合　　計	$204,500	$291,520	$348,160

(1) $\$2.05 \times 78,000^{*} = \$159,900$

(2) $\$2.05 \times 12,000 = 24,600$ (b)

(3) $\$3.04 \times 78,000^{**} = \$237,120$

(4) $\$3.04 \times 10,000 = 30,400$ (e)

(5) $\$3.56 \times 77,000^{***} = \$274,120$

(6) $\$3.56 \times 9,000 = 32,040$ (h)

(c)與(a)相同。

(f)與(d)相同。

$*88,000 - 10,000 = 78,000$

$**86,000 - 8,000 = 78,000$

$***89,000 - 12,000 = 77,000$

11.6 天文公司採用分步成本會計制度。19A 年 7 月份第二製造部發生下列成本:

第一製造部轉入成本	$184,000
第二製造部領用原料成本	34,000
第二製造部加工成本	104,000

第二製造部 7 月份生產資料如下:

7月 1日在製品期初存貨 ················ 2,000單位，完工程度 60%。
7月份完工製成品 ······················ 20,000單位。
7月 31日，在製品期末存貨 ············ 5,000單位，完工程度 40%。

由第一製造部轉入之半成品，在第二製造部繼續製造時，必延至最後完工階段時才加入原料。

7 月 1 日之在製品期初存貨成本$22,500。

試求:

(a)採用先進先出法，並按直接原料及加工成本，分別計算 7 月份約當產量。

(b)採用先進先出法，計算 7 月 31 日在製品期末存貨成本及移轉後部成本。假設在第二製造部製造完成產品，均全部移轉後部。

解:

(a)約當產量之計算:

	實際數量	完工比例	本月份 直接原料	本月份 加工成本
完工產品（單位）:				
在製品期初存貨				
本期完工部份	2,000	40%	2,000	800
本期開工完成者	18,000	100%	18,000	18,000
在製品期末存貨	5,000	40%	0	2,000
	25,000		20,000	20,800

(b)在製品存貨成本及移轉後部成本:

(1)單位成本:

$$\text{前部轉來成本:}\quad \frac{\$184,000}{23,000} = \$8.00$$

$$\text{直接原料:}\quad \frac{\$34,000}{20,000} = 1.70$$

$$\text{加工成本:}\quad \frac{\$104,000}{20,800} = 5.00$$

合　計 $14.70

(2)成本分配:

移轉後部成本:			
由在製品期初存貨完成者:			
在製品期初存貨成本		$ 22,500	
本期耗用成本:			
直接原料: $\$1.70 \times 2,000$	$3,400		
加工成本: $\$5.00 \times 2,000 \times 40\%$	4,000	7,400	
		$ 29,900	
本期開工完成者: $\$14.70 \times 18,000$		264,600	$294,500
在製品期末存貨成本:			
前部轉來成本: $\$8.00 \times 5,000$		$ 40,000	
加工成本: $\$5.00 \times 5,000 \times 40\%$		10,000	50,000
			$344,500

11.7 鴻文公司製造產品一種，僅經一部，即告完成，其成本計算，採用分步成本會計制度，並按先進先出法計算產品成本。19A 年 2 月份有關成本資料如下:

2 月份在製品期初存貨	10,000 單位（完工 $\frac{1}{2}$）
2 月份製成產品	30,000 單位
2 月底在製品期末存貨	15,000 單位（完工 $\frac{1}{3}$）

2 月份每單位產品成本$10，其中原料佔 50%，直接人工佔 40%，製造費用佔 10%。

1 月份每單位產品成本及所構成之成本因素，與 2 月份完全相同。

試求:

(a)設原料於開工時，一次領用。求 2 月份之原料成本、人工成本及製造費用。

(b)設原料耗用，與加工成本一樣，按施工比例耗用，求2 月份之原料成本、直接人工成本及製造費用。

（高考試題）

解:

(a)原料於開工時，一次領用:

	直接原料	加工成本
完工產品（單位）:		
在製品期初存貨，本期加工完成	–	5,000
本期開工完成: 30,000 – 10,000	20,000	20,000
在製品期末存貨	15,000	5,000
約當產量	35,000	30,000

單位成本:

直接原料: $10 × 50%	$5
直接人工: 10 × 40%	4
製造費用: 10 × 10%	1
	$10

總成本:

直接原料: $5 × 35,000	$175,000
直接人工: 4 × 30,000	120,000
製造費用: 1 × 30,000	30,000
	$325,000

(b)原料耗用與施工成正比:

	直接原料	加工成本
完工產品（單位）:		
在製品期初存貨本期加工完成	5,000	5,000
本期開工完成: 30,000 – 10,000	20,000	20,000
在製品期末存貨	5,000	5,000
約當產量	30,000	30,000

總成本:

直接原料: $5 × 30,000	$150,000
直接人工: 4 × 30,000	120,000
製造費用: 1 × 30,000	30,000
	$300,000

11.8 碩文公司乙製造部 19A 年 7 月份成本資料如下:

在製品期初存貨	$ 18,000
前部轉來成本	125,000
直接原料	62,500
加工成本	54,000
	$259,500

有關生產數量的資料如下:

在製品期初存貨	15,000 公斤
(原料已全部領用,施工 $\frac{1}{3}$)	
前部轉來數量	85,000 公斤
本部耗用原料	50,000 公斤
本部 7 月份完成產品數量	115,000 公斤
在製品數量期末存貨	25,000 公斤
(原料已全部領用,施工 $\frac{2}{5}$)	
損壞品數量	10,000 公斤

本部原料於收到前部門轉來半成品時,立即予以加入,並因蒸發而隨即損失一部份重量。

試求:

(a)按先進先出法,計算7 月份完成產品及在製品期末存貨成本。

(b)作成 7 月份有關乙製造部之成本分錄。

(高考試題)

解:

(a)分步成本之計算:

(1)成本彙總:

在製品期初存貨		$ 18,000
前部轉來成本		125,000
本部耗用成本:		
直接原料	$62,500	
加工成本	54,000	116,500
合　　計		$259,500

⑵約當產量:

	實際數量	本期完工比例	直接原料	加工成本
完工產品:				
在製品期初存貨				
本期加工完成	15,000	$\frac{2}{3}$	0	10,000
本期開工完成	100,000	1	100,000	100,000
在製品期末存貨	25,000	$\frac{2}{5}$	25,000	10,000
損壞品	10,000	–	0	0
合　　計	150,000		125,000	120,000

⑶單位成本:

前部轉來成本: $\frac{\$125,000}{125,000}$ =$1.00

直接原料: $\frac{\$62,500}{125,000}$ = 0.50

加工成本: $\frac{\$54,000}{120,000}$ = 0.45

合　　計 $1.95

⑷成本分配:

完工產品成本:		
由在製品期初存貨加工完成:		
期初存貨成本	$18,000	
本期耗用成本: $0.45 \times 15,000 \times \frac{2}{3}$	4,500	$ 22,500
本期開工完成: $1.95 \times 100,000$		195,000
		$217,500
在製品期末存貨成本:		
前部轉來成本: $1.00 \times 25,000$	$25,000	
直接原料: $0.50 \times 25,000$	12,500	
加工成本: $0.45 \times 25,000 \times \frac{2}{5}$	4,500	42,000
合　　計		$259,500

(b)成本分錄:

(1)乙製造部成本	18,000	
在製品		18,000
(2)乙製造部成本	125,000	
甲製造部成本		125,000
(3)乙製造部成本	62,500	
材料		62,500
(4)乙製造部成本	54,000	
工廠薪工及製造費用		54,000
(5)製成品	217,500	
乙製造部成本		217,500
(6)在製品	42,000	
乙製造部成本		42,000

11.9 昌文公司製造產品一種，採用分步成本制度。

19A 年 3 月份有關生產及成本之資料如下:

1.3 月初在製品存貨 15,000 件（完工 2/3）。

2.3 月終在製品存貨 20,000 件（完工 1/2）。

3.3 月份完成產品 40,000件（其中 15,000 件係在製品期初存貨於 3 月份內繼續製造完成者; 25,000 件係全部由 3 月份製成者）。

4.3 月份所發生的各項成本$240,000.00。

5.3 月份完成產品之平均單位成本計算如下:

$$\frac{\text{在製品期初存貨於 3 月份內繼續製造完成之產品成本} + \text{全部由 3 月份完成之產品成本}}{\text{3 月份完成產品總件數}} = \$6.15$$

6.製造時原料耗用與施工成正比。

試據此以求 19A 年 3 月份在製品期初存貨總成本及其單位成本。

（高考試題）

解:

(1)約當產量

	實際數量	本期完工比例	原料及加工成本
完工產品:			
在製品期初存貨	–	–	–
本期加工完成	15,000	$\frac{1}{3}$	5,000
本期開工完成	25,000	1	25,000
在製品期末存貨	20,000	$\frac{1}{2}$	10,000
合　　計	60,000		40,000

(2)單位成本: $\$240,000 \div 40,000 = \$6$

設在製品期初存貨單位成本為 x，則:

$$\$6.15 = \frac{\left(x + \$6 \times \frac{1}{3}\right) \times 15,000 + \$6 \times 25,000}{40,000}$$

$$15,000x + \$30,000 + \$150,000 = \$246,000$$

$$15,000x = \$66,000$$

在製品期初存貨單位成本: $x = \$4.40$

在製品期初存貨總成本: $\$4.40 \times 15,000 = \$66,000$

11.10 廣文公司採用部門別預算及績效報告制度，以控制其成本。19A 年元月份，甲製造部之正常生產能量，為 1,000 約當生產單位。元月份由會計人員所編製之績效報告表，列示如下:

	預 算	實 際	差 異
變動成本:			
直接原料	$20,000	$23,100	$3,100（不利）
直接人工	10,000	10,500	500（不利）
間接人工	1,650	1,790	140（不利）
動力費	210	220	10（不利）
物 料	320	330	10（不利）
合 計	$32,180	$35,940	$3,760
固定成本:			
租 金	$ 400	$ 400	
監 工	1,000	1,000	
折 舊	500	500	
其 他	100	100	
合 計	$ 2,000	$2,000	
總 計	$34,180	$37,940	$3,760

直接原料在各生產階段中投入；加工成本在整個生產過程中，極為均勻地發生。由於產量逐月發生變動，故固定製造費用按每一

加工成本之約當產量$2 分攤。

實際變動成本於每月發生時攤入。

19A 年 1 月 1 日，無期初存貨。元月份開始生產共計 1,100 單位，其中有 900 單位已完成，並予全部出售。1 月 31 日無製成品存貨。1 月 31 日之在製品存貨，領用材料 75%，耗用加工成本 80%。元月份無任何損壞品或廢料之發生。

試求:

(a)編製元月份約當產量計算表。

(b)列示元月份多或少分攤製造費用計算表。

(c)編表計算元月份銷貨成本及月底在製品存貨之實際成本。

（美國會計師考試試題）

解:

(a)約當產量計算表:

		直接原料	加工成本
製成品		900	900
期末存貨:			
直接原料:	200 × 75%	150	
加工成本:	200 × 80%		160
合　　計		1,050	1,060

(b)多或少分攤製造費用計算表:

變動成本: 無（變動成本於實際發生時攤入）	
固定成本:	
已分攤: $2 × 1,060	$2,120
實　際	2,000
多分攤固定製造費用	$ 120

(c)元月份銷貨成本及期末存貨之實際成本:

	直接原料	加工成本	合 計
實際成本	$23,100	$14,840	$37,940
約當產量	1,050	1,060	
單位成本	$22	$14	$36

銷貨成本:	900 × $36	$32,400
在製品存貨:		
直接原料:	$22 × 200 × 75%	$ 3,300
加工成本:	$14 × 200 × 80%	2,240
合 計		$ 5,540
總 計		$37,940

11.11 美文公司 A 製造部 19A 年 4 月份之有關資料如下:

	單位數量
在製品期初存貨: 4/1	2,000
本期完工產品	30,000
在製品期末存貨: 4/30	8,000

原料於開工時,一次加入; 4 月 1 日之在製品期初存貨,加工成本按 40%計入; 4 月 30 日之在製品期末存貨,加工成本按 60%計入。

試求:

(a)按加權平均法,計算直接原料及加工成本之約當產量。

(b)按先進先出法,計算直接原料及加工成本之約當產量。

(美國會計師考試試題)

解:

(a)加權平均法:

	約當產量	
	直接原料	加工成本
本期完工產品	30,000	30,000
在製品期末存貨 /60%	8,000	4,800
合　　計	38,000	34,800

(b)先進先出法:

	約當產量	
	直接原料	加工成本
在製品期初存貨 /40%	0	1,200
本期開工、本期完成	38,000	38,000
在製品期末存貨 /60%	8,000	4,800
合　　計	46,000	44,000

11.12 景文公司 19A 年 11 月初在製品存貨成本包括:

直接原料	$144,000
加工成本	142,000

生產作業由混合部開始,原料於混合部開始時,一次加入; 11 月份有關資料如下:

在製品期初存貨:	11/1(完成 50%)	40,000 單位
本期開工生產		240,000 單位
在製品期末存貨:	11/30(完成 60%)	25,000 單位

11 月份耗用直接原料$836,000,並發生加工成本$2,342,000。

試求:

(a)採用加權平均法,計算直接原料及加工成本之約當產量。

(b)計算每一約當產量直接原料及加工成本之單位成本。

(c)計算完工產品移轉後部成本及在製品期末存貨成本。

(美國會計師考試試題)

解:

(a)加權平均法:

	約當產量	
	直接原料	加工成本
完工產品:		
由在製品期初存貨完成	40,000	40,000
本期開工、本期完成	215,000	215,000
在製品期末存貨 /60%	25,000	15,000
合　　計	280,000	270,000

(b)每一約當產量之單位成本:

	直接原料	加工成本	合　　計
總成本:			
在製品期初存貨成本	$144,000	$ 142,000	$ 286,000
本期耗用成本	836,000	2,342,000	3,178,000
合　　計	$980,000	$2,484,000	$3,464,000
總約當產量:	÷280,000	÷ 270,000	–
單位成本:	$3.50	$9.20	$12.70

(c)完工產品移轉後部成本及在製品期末存貨成本:

完工產品移轉後部成本: $12.70 × 255,000		$3,238,500
在製品期末存貨成本:		
直接原料成本: $3.50 × 25,000	$ 87,500	
加工成本: $9.20 × 15,000	138,000	
在製品期末存貨成本		225,500
總成本		$3,464,000

11.13 阿文公司 19A 年 1 月 1 日，在製品期初存貨 6,000 單位，完成

60%； 1 月份完工產品 20,000 單位； 1 月 31 日，在製品期末存貨 8,000 單位，完成 40%；直接原料於開工時，一次領用；在製品期初存貨成本，包括直接原料$24,900 及加工成本 $24,300； 1 月份耗用直接原料$92,400 及加工成本$131,320。

試求:

(a)採用先進先出法，計算直接原料及加工成本之約當產量。

(b)計算每一約當產量直接原料及加工成本之單位成本。

(c)計算完工產品成本及在製品期末存貨成本。

（美國會計師考試試題）

解:

(a)先進先出法:

	約當產量	
	直接原料	加工成本
在製品期初存貨 /6,000單位 /60%	0	2,400
本期開工、本期完成 /100%	14,000	14,000
在製品期末存貨 /8,000單位 /40%	8,000	3,200
合　　計	22,000	19,600

(b)每一約當產量之單位成本:

	在製品期初存貨	本期成本	合　計
直接原料	$24,900	$ 92,400	–
加工成本	24,300	131,320	–
合　　計	$49,200	$223,720	$272,920

單位成本:

直接原料:	$\$92,400 \div 22,000 =$	$ 4.20
加工成本:	$\$131,320 \div 19,600 =$	6.70
合　　計		$10.90

(c)成本分配:

完工產品成本:			
由在製品期初存貨完成:			
在製品期初存貨成本	$49,200		
本期加工成本: $\$6.70 \times 2,400$	16,080	$65,280	
本期開工、本期完成:			
$\$10.90 \times 14,000$		152,600	
完工產品成本			$217,880
在製品期末存貨:			
直接原料: $\$4.20 \times 8,000$		$33,600	
加工成本: $\$6.70 \times 3,200$		21,440	55,040
總成本			$272,920

11.14 高文公司有甲、乙兩個製造部,生產作業由甲製造部開始,經乙製造部完成;原料於甲製造部開工時,一次領用。19A 年 5 月份,各項資料如下:

	實際數量	直接原料成本
在製品期初存貨: 5/1	12,000	$ 6,000
本期開工生產	100,000	51,120
完工產品移轉後部	88,000	

試求:

(a)按加權平均法,計算直接原料之約當產量。

(b)按先進先出法,計算直接原料之約當產量。

(c)根據上述二種方法,分別計算:

(1)完工產品移轉後部之直接原料成本。

(2)在製品期末存貨之直接原料成本。

解:

(a)加權平均法:

	直接原料約當產量
完工移轉後部: 100%	88,000
在製品期末存貨: 100%(開工時一次領用)	24,000
合　　計	112,000

(b)先進先出法:

	直接原料約當產量
在製品期初存貨: 12,000 單位	0
本期開工、本期完成: (88,000 − 12,000)	76,000
在製品期末存貨: (100,000 − 76,000)	24,000
合　　計	100,000

(c)

	加權平均法	先進先出法
單位成本:		
直接原料總成本:		
在製品期初存貨(原料成本)	$ 6,000	$ 0
本期耗用原料	51,120	51,120
合　　計	$57,120	$51,120
總約當產量	÷ 112,000	÷ 100,000
原料單位成本	$0.5100	$0.5112
成本分配:		
完工移轉後部成本:		
由在製品期初存貨完成		
12,000 × $0.51	$ 6,120.00	$ 6,000.00
本期開工、本期完成		
76,000 × $0.51	38,760.00	
76,000 × $0.5112		38,851.20

	$44,880.00	$44,851.20
在製品期末存貨:		
24,000 × $0.51	12,240.00	–
24,000 × $0.5112	–	12,268.80
總成本	$57,120.00	$57,120.00

11.15 文文公司原料於裝配部開工時，即一次領用；19A 年 5 月 1 日，裝配部之在製品期初存貨 8,000 單位，完工 75%；19A 年 5 月 31 日，在製品期末存貨 6,000 單位，完工 50%；5 月份裝配部完工產品轉入後部12,000 單位；其他成本資料如下：

	直接原料	加工成本
在製品期初存貨: 5/1	$ 9,600	$ 4,800
本期耗用成本	15,600	14,400

試求：請按加權平均法，編製文文公司裝配部19A 年 5 月份之生產報告表。

解：

文文公司裝配部

生產報告表

19A 年 5 月份　　（加權平均法）

		約當產量	
	實際數量	直接原料	加工成本
完工產品	12,000	12,000	12,000
在製品期末存貨 /50%	6,000	6,000	3,000
合　計	18,000	18,000	15,000

	在製品期初存貨成本	本期耗用成本	總成本	總約當產量	單位成本
直接原料	$ 9,600	$15,600	$25,200	18,000	$1.40
加工成本	4,800	14,400	19,200	15,000	1.28
合　　計	$14,400	$30,000	$44,400		$2.68

	總約當產量	單位成本	在製品期末存貨	總成本
完工產品移轉後部	12,000	$2.68		$32,160
在製品期末存貨:				
直接原料	6,000	1.40	8,400	8,400
加工成本	3,000	1.28	3,840	3,840
合　　計			12,240	$44,400

11.16 根據習題 11.15 的各項有關資料，並假定文文公司裝配部之產品流程係按先進先出的程序。

試求：請按先進先出法，編製文文公司裝配部19A 年 5月份之生產報告表。

解:

文 文 公 司 裝 配 部

生 產 報 告 表

19A 年 5 月份　　(先進先出法)

	實際數量	約當產量 直接原料	加工成本
在製品期初存貨 /75%	8,000	0	6,000
本期開工、本期完成 /100%	4,000	4,000	4,000
在製品期末存貨 /50%	6,000	6,000	3,000
合　　計	18,000	10,000	13,000

	本期耗用成本	總約當產量	單位成本
在製品期初存貨成本	$14,400	0	0
直接原料	15,600	10,000	1.5600
加工成本	14,400	13,000	1.1077
合　　計	$44,400		2.6677

	約當產量	單位成本	總成本
完工產品成本:			
由在製品期初存貨完成:			
在製品期初存貨成本			$14,400
加工成本	6,000	$1.1077	6,646
			$21,046
本期開工、本期完成	4,000	2.6677	10,671
完工產品成本合計			$31,717
在製品期末存貨成本:			
直接原料	6,000	1.5600	$ 9,360
加工成本	3,000	1.1077	3,323
在製品期末存貨成本合計			$12,683
總成本			$44,400

11.17 台端被聘請為海文公司 19A 年 12 月 31 日之審計主任；經過初步審查結果，獲得下列各項資料:

19A 年 12 月 31 日存貨:

	數　量
在製品期末存貨（完工程度: 50%）	300,000
製成品	200,000

另悉原料於開工時，一次領用；製造費用則按直接人工成本之 60% 分攤。 19A 年 1 月 1 日，無任何製成品存貨。審查存貨記錄時，

另發現下列各項資料:

	數 量	直接原料	直 接 人工成本
在製品期初存貨	200,000	$ 200,000	$ 315,000
/19A年1月1日/完工80%			
本期開工生產	1,000,000	1,300,000	1,995,000
完工數量	900,000		

試求: 請計算下列各項

(a)生產流程之實際數量。

(b)假定該公司採用加權平均法, 請計算直接原料及加工成本之約當產量。

(c)直接原料及加工成本之單位成本。

(d)12 月 31 日之成本分配。

(美國會計師考試試題)

解:

(a)實際數量:

	數 量
在製品期初存貨 (1/1)	200,000
本期開工數量	1,000,000
	1,200,000
完工產品數量	900,000
在製品期末存貨 (1/31)	300,000
完工產品數量	900,000
減: 已出售部份	(700,000)
製成品期末存貨	200,000

(b)加權平均法:

	約當產量	
	直接原料	加工成本
完工產品	900,000	900,000
在製品期末存貨 /300,000 /50%	300,000	150,000
合　　計	1,200,000	1,050,000

(c)單位成本:

	直接原料	加工成本*	合　　計
在製品期初存貨成本 /80%	$ 200,000	$ 504,000	–
本期耗用成本	1,300,000	3,192,000	–
總成本	$1,500,000	$3,696,000	$5,196,000
約當產量	÷1,200,000	÷1,050,000	–
單位成本	$1.25	$3.52	$4.77

*加工成本 = 直接人工成本 ×160%

(d)成本分配:

銷貨成本: 700,000 × $4.77		$3,339,000
製成品期末存貨: 200,000 × $4.77		954,000
在製品期末存貨:		
直接原料成本: 300,000 × $1.25	$375,000	
加工成本: 150,000 × $3.52	528,000	903,000
合　　計		$5,196,000

11.18 正文公司於 19A 年 10 月份設立一新的製造程序，於甲製造部投入 10,000 單位，開始生產；其中有 1,000 單位在製造過程中發生損失，此係屬正常性損失； 7,000 單位則轉入乙製造部，另外2,000 單位於月終時，尚在製造過程中，並未完成，惟材料已全部領用，

加工成本則耗用 50%。原料及加工成本分別為$27,000 及$40,000。

試求：甲製造部轉入乙製造部之成本有若干？

（美國會計師考試試題）

解：

約當產量：

	實際數量	直接原料	加工成本
轉入乙製造部數量	7,000	7,000	7,000
期末存貨數量	2,000	2,000	1,000
損壞品	1,000	0	0
合　　計	10,000	9,000	8,000

單位成本：

直接原料： $\$27,000 \div 9,000 = \$3$

加工成本： $\$40,000 \div 8,000 = \$5$

轉入乙製造部成本：

$(\$3 + \$5) \times 7,000 = \$56,000$

附註：本題因無在製品期初存貨，故不論採用加權平均法或先進先出法，其結果均無區別。

11.19 興文公司於 19A 年 4 月份，由甲製造部轉入乙製造部 20,000 單位，成本$39,000。4 月份乙製造部另加入原料成本$6,500，加工成本$9,000。19A 年 4 月 30 日，乙製造部在製品 5,000 單位，其加工成本已耗用 60%，惟原料成本於乙製造部開始製造時，即一次加入。

試求：

(a)計算乙製造部原料及加工成本之約當產量。

(b)每單位成本。

(c) 4 月 30 日各項成本之分配。

（美國會計師考試試題）

解:

(a)乙製造部約當產量的計算:

甲製造部轉入數量		20,000
乙製造部完成轉入製成品	15,000	
乙製造部在製品期末存貨	5,000	20,000

約當產量:

	甲製造部轉入	直接原料	加工成本
轉入製成品	15,000	15,000	15,000
在製品期末存貨	5,000	5,000	3,000*
合　計	20,000	20,000	18,000

$*5,000 \times 60\% = 3,000$

(b)每單位成本:

前部轉來成本: $\frac{\$39,000}{20,000} = \$1.950$

直接原料: $\frac{\$6,500}{20,000} = 0.325$

加工成本: $\frac{\$9,000}{18,000} = 0.500$

合　計 $2.775

(c)成本分配:

完工產品成本:	
$15,000 \times \$2.775$	$41,625
在製品期末存貨:	
$5,000 \times (\$1.95 + \$0.325)$	$11,375
$3,000 \times \$0.50$	1,500
在製品期末存貨成本合計	$12,875
總成本	$54,500

附註: 本題因無在製品期初存貨, 故不論是採用加權平均法或先進先出法, 均無區別。

附錄習題

請將習題 11.1 至 11.4, 11.6 至 11.10 共計九題, 以數學上矩陣的方法解答之。

附錄 11.1

解:

(1)約當產量的計算:

$$\begin{array}{c} \\ A \\ M \\ L \\ E \end{array} \begin{array}{c} \begin{array}{ccc} F & W & S \end{array} \\ \begin{bmatrix} 1 & 1 & 1 \\ 1 & 1/2 & 0 \\ 1 & 1/2 & 0 \\ 1 & 1/2 & 0 \end{bmatrix} \end{array} \begin{bmatrix} 5,000 \\ 4,000 \\ 1,000 \end{bmatrix} \begin{array}{c} F \\ W \\ S \end{array}$$

$$= \begin{bmatrix} 5,000 + 4,000 + 1,000 \\ 5,000 + 2,000 + \quad 0 \\ 5,000 + 2,000 + \quad 0 \\ 5,000 + 2,000 + \quad 0 \end{bmatrix} = \begin{bmatrix} 10,000 \\ 7,000 \\ 7,000 \\ 7,000 \end{bmatrix} \begin{array}{c} A \\ M \\ L \\ E \end{array}$$

(2)單位成本的計算:

$$\begin{aligned}
&\text{直接原料:} && \frac{\$21,000}{7,000} = \$3 \\
&\text{直接人工:} && \frac{\$14,000}{7,000} = \ \ 2 \\
&\text{製造費用:} && \frac{\$7,000}{7,000} = \ \ \underline{1} \\
&\text{單位總成本} && \quad\quad\quad\ \ \underline{\underline{\$6}}
\end{aligned}$$

(3)成本分配:（依題意，無前部門轉來成本，故不予考慮）

$$\begin{array}{c} M \\ L \\ E \end{array}\begin{bmatrix} \$3 & 0 & 0 \\ 0 & \$2 & 0 \\ 0 & 0 & \$1 \end{bmatrix} \overset{\begin{array}{ccc} F & W & S \end{array}}{\begin{bmatrix} 5,000 & 2,000 & 0 \\ 5,000 & 2,000 & 0 \\ 5,000 & 2,000 & 0 \end{bmatrix}}$$

$$= \overset{\begin{array}{ccc} F & W & S \end{array}}{\begin{bmatrix} \$15,000 & \$\ 6,000 & \$0 \\ 10,000 & 4,000 & 0 \\ \underline{5,000} & \underline{2,000} & \underline{0} \end{bmatrix}} \begin{array}{lll} \cdots\cdots\cdots & \$21,000 & \text{直接原料} \\ \cdots\cdots\cdots & 14,000 & \text{直接人工} \\ \cdots\cdots\cdots & \underline{7,000} & \text{製造費用} \end{array}$$

$$\text{合計} \quad \underline{\underline{\$30,000}} \quad \underline{\underline{\$12,000}} \quad \underline{\underline{\$0}} \qquad\qquad \underline{\underline{\$42,000}}$$

附錄 11.2

解:

(1)約當產量的計算:

$$\begin{array}{c} M \\ L \\ E \end{array}\overset{\begin{array}{ccc} F & W & S \end{array}}{\begin{bmatrix} 1 & 1 & 0 \\ 1 & 1/2 & 0 \\ 1 & 1/2 & 0 \end{bmatrix}}\begin{bmatrix} 30,000 \\ 8,000 \\ 0 \end{bmatrix}\begin{array}{c} F \\ W \\ S \end{array}$$

$$= \begin{bmatrix} 30,000 + 8,000 + 0 \\ 30,000 + 4,000 + 0 \\ 30,000 + 4,000 + 0 \end{bmatrix}\begin{array}{c} M \\ L \\ E \end{array}$$

$$= \begin{bmatrix} 38,000 \\ 34,000 \\ 34,000 \end{bmatrix}\begin{array}{c} M \\ L \\ E \end{array}$$

(2)單位成本的計算:

$$\text{直接原料: } \frac{\$76,000}{38,000} = \$2.0000$$

$$\text{直接人工: } \frac{\$3,000}{34,000} = 0.0882$$

$$\text{製造費用(其他加工成本): } \frac{\$14,000}{34,000} = 0.4118$$

$0.0882 + 0.4118 = \$0.50$ 單位加工成本

$$\text{單位總成本} \quad \$2.5000$$

(3)成本分配:

$$\begin{array}{c} M \\ L \\ E \end{array} \begin{bmatrix} \$2.0000 & 0 & 0 \\ 0 & \$0.0882 & 0 \\ 0 & 0 & \$0.4118 \end{bmatrix} \begin{array}{c} \begin{array}{ccc} F & W & S \end{array} \\ \begin{bmatrix} 30,000 & 8,000 & 0 \\ 30,000 & 4,000 & 0 \\ 30,000 & 4,000 & 0 \end{bmatrix} \end{array}$$

$$= \begin{array}{c} \begin{array}{cccc} F & W & S & T \end{array} \\ \begin{bmatrix} \$60,000 & \$16,000 & \$0 & \$76,000 \\ 2,646 & 354 & 0 & 3,000 \\ 12,354 & 1,646 & 0 & 14,000 \end{bmatrix} \end{array}$$

$$\text{合計} \quad \$75,000 \quad \$18,000 \quad \$0 \quad \$93,000$$

附錄 11.3

解:

(1)約當產量的計算:

$$\begin{array}{c} M \\ L \\ E \end{array} \begin{array}{c} \begin{array}{ccc} F & W & S \end{array} \\ \begin{bmatrix} 1 & 1 & 0 \\ 1 & \frac{2}{3} & 0 \\ 1 & \frac{2}{3} & 0 \end{bmatrix} \end{array} \begin{bmatrix} 13,500 \\ 1,500 \\ 0 \end{bmatrix} \begin{array}{c} F \\ W \\ S \end{array}$$

$$= \begin{bmatrix} 13,500 + 1,500 + 0 \\ 13,500 + 1,000 + 0 \\ 13,500 + 1,000 + 0 \end{bmatrix} \begin{array}{c} M \\ L \\ E \end{array} = \begin{bmatrix} 15,000 \\ 14,500 \\ 14,500 \end{bmatrix} \begin{array}{c} M \\ L \\ E \end{array}$$

(2)成本彙總:

直接原料

	期初存料	購入材料	合　計	期末存料	耗用材料	合　計
甲	10,000	5,000	15,000	11,000	4,000	
	@$24	@$25	–	–	@$24	$ 96,000
乙	30,000	–	30,000	19,000	11,000	
	@$3	–	–	–	@$3	33,000
直接原料耗用合計						$129,000
加工成本:						$ 27,550
總成本						$156,550

(3)單位成本的計算:

直接材料:	$\frac{\$129,000}{15,000}$	=	$ 8.60
加工成本:	$\frac{\$27,550}{14,500}$	=	$ 1.90
單位總成本			$10.50

附錄 11.4

解:

甲製造部:

(1)成本彙總:

直接材料		$ 49,500
直接人工	$57,300	
製造費用	38,200	95,500
合　計		$145,000

(2)約當產量的計算:

$$\begin{array}{c} \\ M \\ C^* \end{array} \begin{array}{c} \begin{array}{cccc} F_1 & F_2 & W & S \end{array} \\ \begin{bmatrix} 0 & 1 & 1 & 0 \\ 0 & 1 & 1/2 & 0 \end{bmatrix} \end{array} \quad \begin{bmatrix} 0 \\ 92,000 \\ 7,000 \\ 1,000 \end{bmatrix} \begin{array}{c} F_1 \\ F_2 \\ W \\ S \end{array}$$

$$*C = \text{加工成本}$$

$$= \begin{bmatrix} 0+92,000+7,000+0 \\ 0+92,000+3,500+0 \end{bmatrix} = \begin{bmatrix} 99,000 \\ 95,500 \end{bmatrix} \begin{matrix} M \\ C \end{matrix}$$

(3)單位成本的計算:

$$\begin{aligned} &\text{直接材料:} && \frac{\$49,500}{99,000} = \$0.50 \\ &\text{加工成本:} && \frac{\$95,500}{95,500} = \underline{\ \ 1.00} \\ &\text{單位總成本} && \underline{\underline{\$1.50}} \end{aligned}$$

(4)成本分配:

$$\begin{matrix} M \\ C \end{matrix} \begin{bmatrix} \$0.50 & 0 \\ 0 & \$1.00 \end{bmatrix} \overset{\begin{matrix} F_1 & F_2 & W & S \end{matrix}}{\begin{bmatrix} 0 & 92,000 & 7,000 & 0 \\ 0 & 92,000 & 3,500 & 0 \end{bmatrix}}$$

$$= \left[\begin{array}{cccc|c} F_1 & F_2 & W & S & T \\ \$0 & \$\ 46,000 & \$3,500 & \$0 & \$\ 49,500 \\ 0 & 92,000 & 3,500 & 0 & 95,500 \end{array}\right]$$

$$\text{合計} \quad \underline{\underline{\$0}} \quad \underline{\underline{\$138,000}} \quad \underline{\underline{\$7,000}} \quad \underline{\underline{\$0}} \quad \underline{\underline{\$145,000}}$$

乙製造部:

(1)成本彙總:

由於乙製造部乃繼甲製造部之後,作加工過程,且在甲製造部開工時,原料係一次領用,故乙製造部無原料成本,僅須考慮前部門(即甲製造部)轉來的成本即可。

前部門轉來成本		$138,000
加工成本:		
直接人工	$42,500	
製造費用	38,250	80,750
合　　計		$218,750

(2)約當產量的計算:

$$
\begin{array}{c} \\ A \\ C \\ \\ \end{array}
\begin{array}{c} \begin{array}{cccc} F_1 & F_2 & W & S \end{array} \\ \begin{bmatrix} 0 & 1 & 1 & 0 \\ 0 & 1 & 1/2 & 0 \end{bmatrix} \\ \\ \end{array}
\begin{bmatrix} 0 \\ 80,000 \\ 10,000 \\ 2,000 \end{bmatrix}
\begin{array}{c} F_1 \\ F_2 \\ W \\ S \end{array}
$$

$$
= \begin{bmatrix} 0 + 80,000 + 10,000 + 0 \\ 0 + 80,000 + \ \ 5,000 + 0 \end{bmatrix} = \begin{bmatrix} 90,000 \\ 85,000 \end{bmatrix} \begin{array}{c} A \\ C \end{array}
$$

(3)單位成本的計算:

$$
\begin{array}{lr}
\text{前部門轉來成本:} \ \dfrac{\$138,000}{90,000} & = \$1.5333 \\
\text{加工成本:} \ \dfrac{\$80,750}{85,000} & = \ \ \underline{0.9500} \\
\text{單位總成本} & \underline{\underline{\$2.4833}}
\end{array}
$$

(4)成本之分配:

$$
\begin{array}{c} A \\ C \end{array}
\begin{bmatrix} \$1.5333 & 0 \\ 0 & \$0.9500 \end{bmatrix}
\overset{\begin{array}{cccc} F_1 & F_2 & W & S \end{array}}{\begin{bmatrix} 0 & 80,000 & 10,000 & 0 \\ 0 & 80,000 & 5,000 & 0 \end{bmatrix}}
$$

$$
\begin{array}{lccccc|c}
 & & F_1 & F_2 & W & S & T \\
 & = & \$0 & \$122,666.67 & \$15,333.33 & \$0 & \$138,000 \\
 & & \underline{0} & \underline{76,000.00} & \underline{4,750.00} & \underline{0} & \underline{80,750} \\
\text{合計} & & \underline{\underline{\$0}} & \underline{\underline{\$198,666.67}} & \underline{\underline{\$20,083.33}} & \underline{\underline{\$0}} & \underline{\underline{\$218,750}}
\end{array}
$$

附錄 11.6

解:

(a)

$$\begin{matrix} & F_1 & F_2 & W & S \\ M & 0 & 1 & 0.4 & 0 \\ C & 0.4 & 1 & 0.4 & 0 \end{matrix} \begin{bmatrix} 2,000 \\ 18,000 \\ 5,000 \\ 0 \end{bmatrix} \begin{matrix} F_1 \\ F_2 \\ W \\ S \end{matrix}$$

$$= \begin{bmatrix} 0 + 18,000 + 2,000 + 0 \\ 800 + 18,000 + 2,000 + 0 \end{bmatrix} \begin{matrix} M \\ C \end{matrix}$$

$$= \begin{bmatrix} 20,000 \\ 20,800 \end{bmatrix} \begin{matrix} M \\ C \end{matrix}$$

(b)(1)約當產量的計算:

$$\begin{matrix} & F_1 & F_2 & W & S \\ A & 0 & 1 & 1 & 0 \\ M & 0 & 1 & 0.4 & 0 \\ C & 0.4 & 1 & 0.4 & 0 \end{matrix} \begin{bmatrix} 2,000 \\ 18,000 \\ 5,000 \\ 0 \end{bmatrix} \begin{matrix} F_1 \\ F_2 \\ W \\ S \end{matrix}$$

$$= \begin{bmatrix} 0 + 18,000 + 5,000 + 0 \\ 0 + 18,000 + 2,000 + 0 \\ 800 + 18,000 + 2,000 + 0 \end{bmatrix} \begin{matrix} A \\ M \\ C \end{matrix}$$

$$= \begin{bmatrix} 23,000 \\ 20,000 \\ 20,800 \end{bmatrix} \begin{matrix} A \\ M \\ C \end{matrix}$$

(2)單位成本的計算:

前部轉來成本: $\frac{\$184,000}{23,000} = \$\ 8.00$

直接原料: $\frac{\$34,000}{20,000} = 1.70$

加工成本: $\frac{\$104,000}{20,800} = 5.00$

單位總成本 $14.70

(3)成本分配:

$$\begin{matrix} A \\ M \\ C \end{matrix} \begin{bmatrix} \$8.00 & 0 & 0 \\ 0 & \$1.70^* & 0 \\ 0 & 0 & \$5.00 \end{bmatrix} \begin{bmatrix} 0 & 18,000 & 5,000 & 0 \\ 0 & 18,000 & 2,500^* & 0 \\ 800 & 18,000 & 2,000 & 0 \end{bmatrix}$$

$$
\begin{array}{r} \\ = \end{array}
\begin{array}{c} \begin{array}{rrrr|r} F_1 & F_2 & W & S & T \end{array} \\
\left[\begin{array}{rrrr|r}
\$\quad 0 & \$144,000 & \$40,000 & \$0 & \$184,000 \\
0 & 30,600 & 3,400^{*} & 0 & 34,000 \\
4,000 & 90,000 & 10,000 & 0 & 104,000
\end{array}\right] \end{array}
$$

F_1	F_2	W	S	T
\$ 4,000	\$264,600	\$53,400	\$0	\$322,000
22,500**				22,500
\$26,500	\$264,600	\$53,400	\$0	\$344,500
3,400		3,400*	–	–
\$29,900	\$264,600	\$50,000	\$0	\$344,500
移轉後部成品		在製品期末存貨		

* 由題意得知，第二製造部加工至最後階段時始予加入原料；故在製品期末存貨成本不應包括本期所耗用的直接原料成本\$3,400 (\$1.70 × 2,000)，應予扣減之而轉入前部轉來成本中，在先進先出法之下，成為移轉後部的成本。

** 由題意得知，在製品期初存貨成本尚有\$22,500，故應予加入。

附錄 11.7

解:

(a)原料於開工時，一次領用:

(1)約當產量的計算：（不考慮損壞品在矩陣中之表示，以簡化其計算過程。）

$$
\begin{array}{c} M \\ L \\ E \end{array}
\overset{\begin{array}{ccc} F_1 & F_2 & W \end{array}}{\begin{bmatrix} 1 & 1 & 1/3 \\ 1/2 & 1 & 1/3 \\ 1/2 & 1 & 1/3 \end{bmatrix}}
\begin{bmatrix} 10,000 \\ 20,000 \\ 15,000 \end{bmatrix}
\begin{array}{c} F_1 \\ F_2 \\ W \end{array}
$$

$$
= \begin{bmatrix} 10,000 + 20,000 + 5,000 \\ 5,000 + 20,000 + 5,000 \\ 5,000 + 20,000 + 5,000 \end{bmatrix}
\begin{array}{c} M \\ L \\ E \end{array}
$$

$$= \begin{bmatrix} 35,000 \\ 30,000 \\ 30,000 \end{bmatrix} \begin{matrix} M \\ L \\ E \end{matrix}$$

(2)成本的計算:

	產品成本	百分比	單位成本	約當產量	成本分配
直接原料	$10	50%	$5	35,000	$175,000
直接人工	10	40%	4	30,000	120,000
製造費用	10	10%	1	30,000	30,000
製造總成本					$325,000

(b)材料耗用與施工成正比例:

(1)約當產量的計算:

$$\begin{matrix} \\ M \\ L \\ E \end{matrix} \begin{matrix} \begin{matrix} F_1 & F_2 & W \end{matrix} \\ \begin{bmatrix} 1/2 & 1 & 1/3 \\ 1/2 & 1 & 1/3 \\ 1/2 & 1 & 1/3 \end{bmatrix} \end{matrix} \begin{bmatrix} 10,000 \\ 20,000 \\ 15,000 \end{bmatrix} \begin{matrix} F_1 \\ F_2 \\ W \end{matrix}$$

$$= \begin{bmatrix} 5,000+20,000+5,000 \\ 5,000+20,000+5,000 \\ 5,000+20,000+5,000 \end{bmatrix} \begin{matrix} M \\ L \\ E \end{matrix}$$

$$= \begin{bmatrix} 30,000 \\ 30,000 \\ 30,000 \end{bmatrix} \begin{matrix} M \\ L \\ E \end{matrix}$$

(2)成本的計算:

	產品成本	百分比	單位成本	約當產量	成本分配
直接原料	$10	50%	$5	30,000	$150,000
直接人工	10	40%	4	30,000	120,000
製造費用	10	10%	1	30,000	30,000
製造總成本					$300,000

附錄 11.8

解:

(a)(1)成本彙總:

期初在製品		$ 18,000
前部轉來成本		125,000
本期耗用成本:		
直接原料	$62,500	
加工成本	54,000	116,500
合　　計		$259,500

(2)約當產量的計算:

$$\begin{array}{l} \\ \text{前部} \\ \text{原料} \\ \text{加工} \end{array} \begin{array}{c} \text{期初}\quad\text{本期}\quad\text{期末}\quad\text{損} \\ \begin{bmatrix} 0 & 1 & 1 & 0 \\ 0 & 1 & 1 & 0 \\ 2/3 & 1 & 2/5 & 0 \end{bmatrix} \end{array} \begin{bmatrix} 15,000 \\ 100,000 \\ 25,000 \\ 0 \end{bmatrix} \begin{array}{l} \text{期初在製品} \\ \text{本期開工完成} \\ \text{期末在製品} \\ \text{損壞品} \end{array}$$

$$= \begin{bmatrix} 0 + 100,000 + 25,000 + 0 \\ 0 + 100,000 + 25,000 + 0 \\ 10,000 + 100,000 + 10,000 + 0 \end{bmatrix}$$

$$= \begin{bmatrix} 125,000 \\ 125,000 \\ 120,000 \end{bmatrix} \begin{array}{l} \text{前部轉來的約當產量} \\ \text{原料的約當產量} \\ \text{加工成本的約當產量} \end{array}$$

(3)單位成本的計算:

在先進先出法之下,單位成本 = 本期加入成本/約當產量

$$\text{前部轉來成本:}\quad \frac{\$125,000}{125,000} = \$1.00$$

$$\text{直接原料:}\quad \frac{\$62,500}{125,000} = 0.50$$

$$\text{加工成本:}\quad \frac{\$54,000}{120,000} = 0.45$$

$$\text{單位總成本}\quad \$1.95$$

(4)成本分配:

$$\begin{bmatrix} \$1 & 0 & 0 \\ 0 & \$0.50 & 0 \\ 0 & 0 & \$0.45 \end{bmatrix} \begin{bmatrix} 0 & 100,000 & 25,000 & 0 \\ 0 & 100,000 & 25,000 & 0 \\ 10,000 & 100,000 & 10,000 & 0 \end{bmatrix}$$

$$= \left[\begin{array}{rrrr|r} \$\ \ 0 & \$100,000 & \$25,000 & \$0 & \$125,000 \\ 0 & 50,000 & 12,500 & 0 & 62,500 \\ 4,500 & 45,000 & 4,500 & 0 & 54,000 \end{array}\right]$$

$ 4,500	$195,000	$42,000	$0	$241,500
18,000*				18,000
$22,500	$195,000	$42,000	$0	$259,500

*因帳上有期初在製品成本$18,000；故應予加入。

(b)分錄：略。

第十二章　標準成本會計制度（上）

選擇題

12.1 標準成本會計制度，可分別應用於:

	分批成本會計制度	分步成本會計制度
(a)	非	非
(b)	非	是
(c)	是	是
(d)	是	非

解: (c)

標準成本會計制度，可分別應用於分批及分步成本會計制度。蓋在分批及分步成本會計制度之下，另有標準成本計入特定產品之內，如實際成本超出或低於標準成本的部份，則列為不利或有利成本差異。

12.2 固定製造費用能量差異是:

(a)用於衡量因銷貨量減少而引起利益的減少。

(b)用於衡量因銷貨量減少而引起邊際貢獻的減少。

(c)固定製造費用的多分攤或少分攤金額。

(d)用於衡量缺少生產效率的金額。

解: (c)

固定製造費用能量差異，乃實際產量標準工作時間應分攤的標準固定製造費用（實際產量 × 標準固定製造費用分攤率），與實際產量在預算上設定的固定製造費用之差異。

12.3 為設定標準成本，以衡量可控制的無生產效率之最佳基礎是:

(a)理想標準。

(b)可達成良好實施標準。

(c)過去已實現標準。

(d)正常標準。

解: (b)

為設定標準成本，以衡量可控制的無生產效率之最佳基礎是可達成良好實施標準。

12.4 有利原料價格差異，伴隨著不利原料數量差異，很可能起因於:

(a)人工效率問題。

(b)原料用量不當問題。

(c)購買超過標準品質的原料。

(d)購買低於標準品質的原料。

解: (d)

有利原料價格差異，伴隨著不利原料數量產量，很可能起因於購買低於標準品質的原料所造成。

12.5 下列那些型態的公司，適合採用標準成本會計制度?

	大量生產製造業	服　務　業
(a)	是	是
(b)	是	非
(c)	非	非
(d)	非	是

解：(a)

標準成本會計制度，可適用於大量生產之製造業，或服務業。標準成本會計制度，可適用於各種型式的公司，只要這些公司所製造的產品或所提供的服務，具有重覆發生的情形，均可採用。

12.6 製造費用二項差異分析下，下列那一項差異，包含固定及變動製造費用的因素？

	預算差異	能量差異
(a)	是	是
(b)	是	非
(c)	非	非
(d)	非	是

解：(b)

製造費用兩項差異分析的相互關係，列示如下：

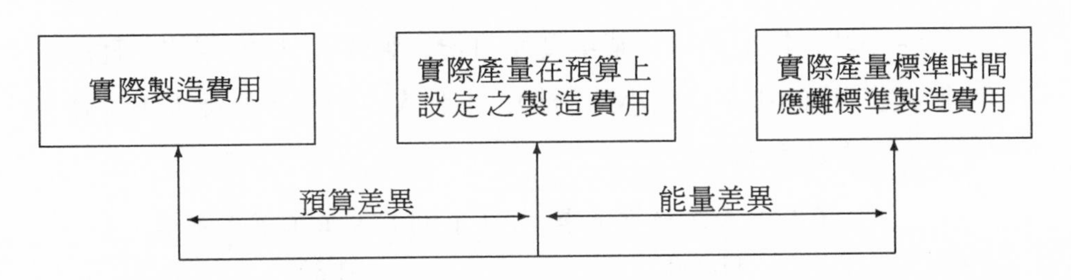

預算差異包含固定及變動製造費用的因素；至於能量差異，只有固定製造費用，不含變動製造費用的因素。

12.7 製造費用三項差異分析下，下列那些項目，用於計算費用差異？

	實際製造費用	實際產量實際工作時間在預算上設定之製造費用
(a)	非	是
(b)	非	非
(c)	是	非
(d)	是	是

解: (d)

製造費用三項差異分析之費用差異，係由下列二項計算而來:

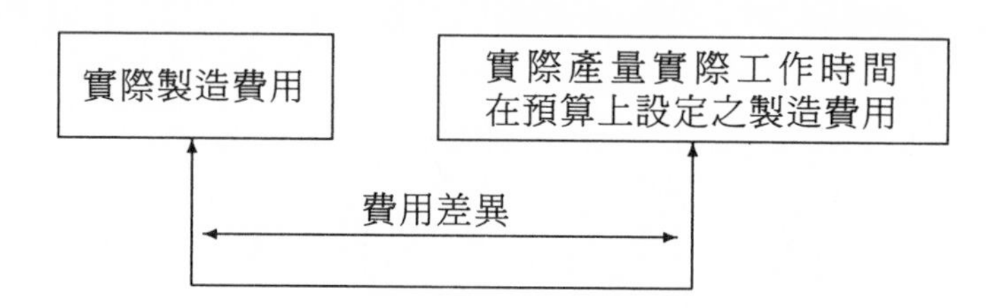

12.8 P 公司製造單一產品，採用標準成本，每單位產品之標準直接人工 4小時，每小時$8；某年度元月份，製成品 1,000單位，耗用直接人工 4,200小時，每小時$8.50；不利人工效率差異及人工工資率差異，各應為若干？

	(不利) 人工效率差異	(不利) 人工工資率差異
(a)	$1,000	$1,800
(b)	$1,200	$2,000
(c)	$1,600	$2,100
(d)	$2,000	$2,500

解: (c)

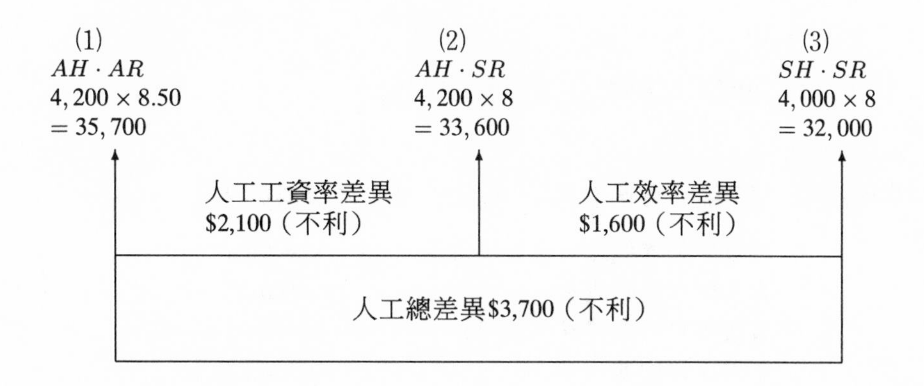

$$\text{人工效率差異} = (4,200 - 4,000) \times 8$$
$$= \$1,600\text{（不利）}$$
$$\text{人工工資率差異} = (\$8.50 - \$8.00) \times 4,200$$
$$= \$2,100\text{（不利）}$$

12.9　D 公司從事成衣製作業，並採用標準成本會計制度。每件成衣之直接原料為 8尺，然而在裁剪及製造過程中，有 20%損壞；已知直接原料每尺$25。每件成衣之標準直接原料成本應為若干？

(a)$160

(b)$200

(c)$240

(d)$250

解：(d)

每件成衣之直接原料為 8 尺，並於裁減及製造過程中，發生 20% 之損壞，此項損壞為經常性，故必須包括於製造成本之內。

製作前直接原料 − 損壞品 = 產出直接原料

$x - 20\%x = 8$（尺）

$80\%x = 8$（尺）

$x = 10$（尺）

因此，每件成衣之標準直接原料成本應為：$25 × 10 = $250

12.10 B 公司 1997年 7月份有關直接原料成本之資料如下：

直接原料實際進貨及使用數量	15,000單位
直接原料實際成本	$42,000
直接原料數量差異（不利）	$1,500
直接原料標準用量	14,500單位

B 公司 1997年 7月份，直接原料價格差異應為若干？

(a)$1,400有利差異。

(b)$1,400不利差異。

(c)$3,000不利差異。

(d)$3,000有利差異。

解：(d)

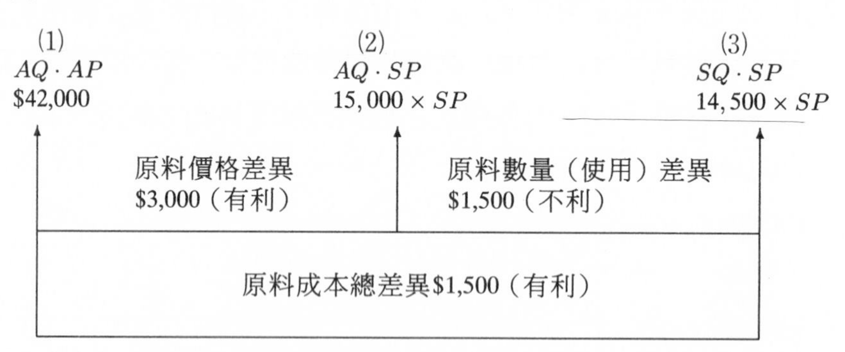

由上述比較得知：$(AQ - SQ) \cdot SP = \$1,500$; $(15,000 - 14,500) \cdot SP = \$1,500$

因此，$SP = 3.00$（標準單位價格）

又 $\$42,000 - 15,000 \times \$3.00 = (\$3,000)$（有利原料價格差異）

第 12.11 題及第 12.12 題，係以下列資料作為解答基礎：

S 公司設定下列標準成本：

製成品 100單位之標準人工時數	1.5小時
每年正常製成品數量	150,000單位
製成品 100單位標準工資	$60
製成品 100單位標準變動成本	$60
每年固定成本	$60,000

1997年度製成品 120,000單位之有關成本如下:

總成本	$138,000
人工成本	$ 74,100
人工時數	1,950小時

12.11 S 公司 1997年度製成品 120,000單位之標準總成本，應為若干?

(a)$120,000

(b)$130,000

(c)$132,000

(d)$136,000

解: (c)

S 公司 1997 年度製成品 120,000 單位之標準總成本，可予計算如下:

	標準總成本
變動成本	
$60×(120,000 單位 ÷ 100單位)	$ 72,000
固定成本	60,000
合　　計	$132,000

12.12 S 公司 1997年度人工工資率差異應為若干?

(a)$10,000（不利）

(b)$3,900（有利）

(c)$3,000（有利）

(d) –0–

解: (b)

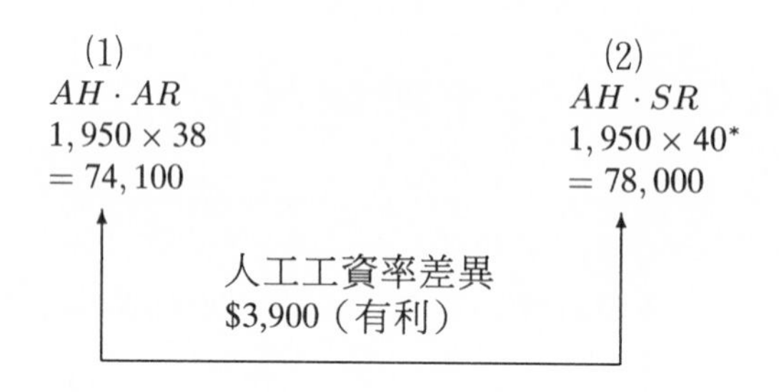

$*\$60 \div 1.5 = \$40(SR)$

12.13 G 公司有關直接人工成本之各項資料如下:

每單位產品所需時間:	直接人工時數	2
直接人工人數		50
每一工人每週工作時數		40
每一工人每週薪工		$500
直接人工之員工福利		20%

G 公司每單位產品之標準直接人工成本，應為若干?

(a)$30

(b)$24

(c)$15

(d)$12

解: (a)

每單位產品之標準直接人工成本，可計算如下:

每一工人每週薪工	$500.00
除：每週工作時數	÷ 40
每一工人每小時工資率	$ 12.50
加：員工福利：20%	2.50
每小時直接人工	$ 15.00
乘：每單位產品所需人工時間	× 2
每單位產品之標準直接人工成本	$ 30.00

12.14 H 公司 1997年之各項成本資料如下：

正常損壞品	$ 5,000
銷貨運費	10,000
超過標準成本之實際製造成本	20,000
標準製造成本	100,000
實際主要成本	80,000

H 公司 1997年實際製造費用應為若干？

(a)$40,000

(b)$45,000

(c)$55,000

(d)$120,000

解：(a)

實際製造費用，可計算如下：

標準製造費用	$100,000
加：超過標準成本之實際製造成本	20,000
實際製造成本	$120,000
減：實際主要成本	(80,000)
實際製造費用	$ 40,000

12.15 R 公司 1997年 1月份有關製造費用之各項資料如下:

實際產量在預算上設定之固定製造費用	$ 75,000
每一直接人工小時標準固定製造費用	3
每一直接人工小時標準變動製造費用	6
實際產量標準直接人工時數	24,000
實際製造費用	$220,000

R 公司採用彈性預算, 並用二項差異分析法; 1997年 1月份之能量差異應為若干?

(a)不利差異$3,000。

(b)有利差異$3,000。

(c)不利差異$4,000。

(d)有利差異$4,000。

解: (a)

能量差異之計算如下:

實際產量在預算上設定之固定製造費用		$ 75,000
實際產量標準時間應攤標準製造費用:		
實際產量標準直接人工時數	24,000	
乘: 每一直接人工標準固定製造費用	$3	(72,000)
能量差異 (不利)		$ 3,000

下列資料用於解答第 12.16 題至第12.18 題之根據:

P 公司基於每月正常能量 50,000單位 (直接人工時數 100,000小時), 製造費用之標準成本包括下列:

變動	$6/每單位
固定	$8/每單位

1997年 3月份之有關資料如下:

實際產量		38,000單位
實際直接人工時數		80,000小時
實際製造費用:		
變動	$250,000	
固定	384,000	

12.16 P 公司 1997年 3月份之不利 (變動)費用差異，應為若干?

(a)$6,000

(b)$10,000

(c)$12,000

(d)$22,000

解: (b)

費用差異之計算如下:

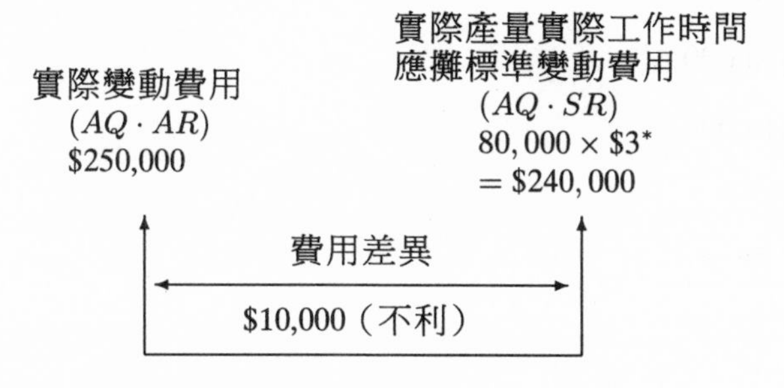

$*\$3 = \$6 \div (100,000 \div 50,000)$

12.17 P 公司 1997年 3月份之固定效率差異（即固定製造費用能量差異），應為若干?

(a)不利$96,000。

(b)有利$96,000。

(c)不利$80,000。

(d)有利$80,000。

解：(a)

固定效率差異之計算如下：

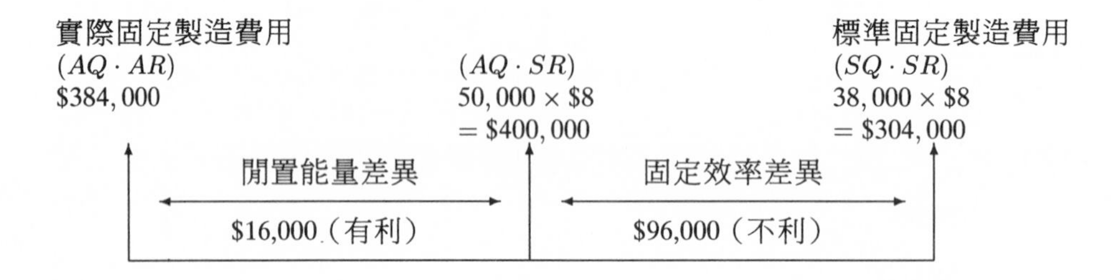

12.18 P公司 1997年 3月份之閒置能量差異（即固定製造費用預算差異），應為若干？

(a)不利$8,000。

(b)有利$8,000。

(c)不利$16,000。

(d)有利$16,000。

解：(d)

請參閱上題之計算。

下列資料，用於解答第 12.19 題至第 12.22 題之根據：

T 公司按直接人工時數分攤製造費用，每單位產品需耗用直接人工 2小時； 19A年 1月份預計產量 9,000單位，製造費用預算數為$135,000，固定費用為 20%；當期生產 8,500單位，實際直接人工時數為 17,200小時；實際變動製造費用為$108,500，實際固定製造費用為$28,000。另悉 T 公司對於製造費用之分析，採用四項差異分析法。

12.19 T 公司 1997年 1月份之變動製造費用差異，應為若干？

(a)不利$1,200。

(b)不利$5,300。

(c)不利$6,300。

(d)不利$6,500。

解： (b)

變動製造費用差異分析如下：

實際變動製造費用
$(AQ \cdot AR)$
$108,500

$(AQ \cdot SR)$
$17,200 \times \$6$
$= \$103,200$

標準變動製造費用
$(SQ \cdot SR)$
$17,000 \times \$6$
$= \$102,000$

變動製造費用差異
$5,300（不利）

變動製造費用效率差異
$1,200（不利）

變動製造費用總差異$6,500（不利）

12.20 T 公司 1997年 1月份之變動製造費用效率差異，應為若干？

(a)不利$1,200。

(b)不利$5,300。

(c)不利$6,300。

(d)不利$6,500。

解： (a)

請參閱上題之計算。

12.21 T 公司 1997年 1月份之固定製造費用預算差異 (閒置能量差異)，應為若干？

(a)不利$6,300。

(b)不利$2,500。

(c)不利$1,200。

(d)不利$1,000。

解: (d)

固定製造費用差異之分析如下:

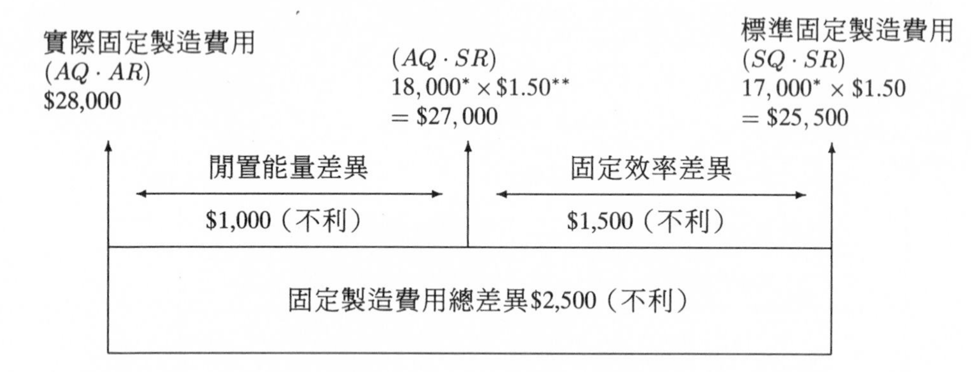

$*2 \times 9,000 = 18,000;\ 2 \times 8,500 = 17,000;$

$**\$1.50 = \$27,000 \div 18,000$

12.22 T 公司 1997年 1月份之固定製造費用能量差異 (固定效率差異), 應為若干?

(a)不利$750。

(b)不利$1,000。

(c)不利$1,500。

(d)不利$2,500。

（12.19～12.22, 美國管理會計師考試試題）

解: (c)

請參閱上題之計算。

下列資料用於解答第 12.23 題至第12.26 題之根據:

K 公司 19A年度擬按直接人工 800,000小時之產能從事生產；預計製造費用總額為$2,000,000；每一直接人工小時之標準變動製造費用為$2，或每單位產品為$6。當年度各項實際資料如下:

完工產品數量	250,000
實際直接人工時數	764,000
實際變動製造費用	$1,610,000
實際固定製造費用	392,000

12.23 K 公司 19A年度費用差異應為若干?

(a)有利差異$2,000。

(b)不利差異$10,000。

(c)不利差異$92,000。

(d)不利差異$110,000。

解: (c)

費用差異 = 固定費用差異 + 變動費用差異

$$= \$10,000 + \$82,000$$

請參閱下圖

12.24 K 公司 19A年度變動效率差異應為若干?

(a)不利$28,000。

(b)不利$100,000。

(c)不利$110,000。

(d)以上皆非。

解: (a)

變動效率差異$28,000（不利）

（請參閱下圖）

12.25 K 公司 19A年度固定效率差異應為若干？

(a)不利$7,000。

(b)不利$10,000。

(c)不利$17,000。

(d)不利$74,000。

解：(a)

固定效率差異$7,000（不利）

（請參閱下圖）

12.26 K 公司 19A年度閒置能量差異應為若干？

(a)不利$7,000。

(b)不利$25,000。

(c)不利$41,667。

(d)不利$18,000。

（12.23～12.26，美國管理會計師考試試題）

解：(d)

閒置能量差異$18,000（不利）

（請參閱下圖）

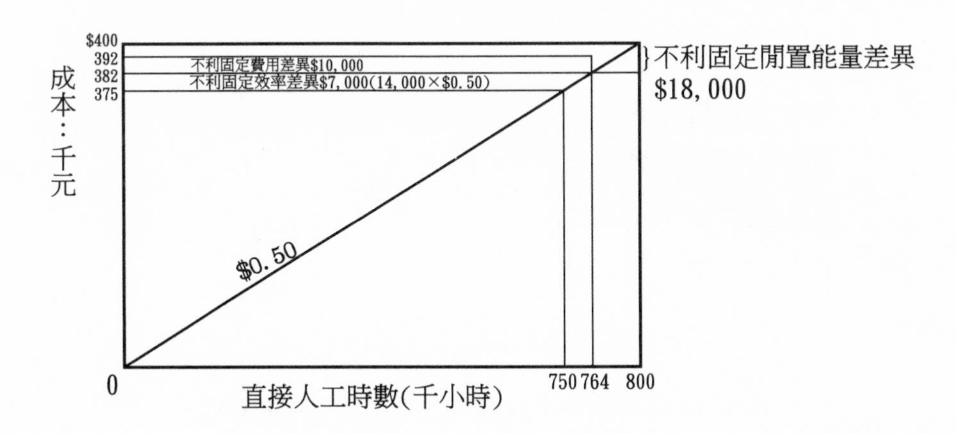

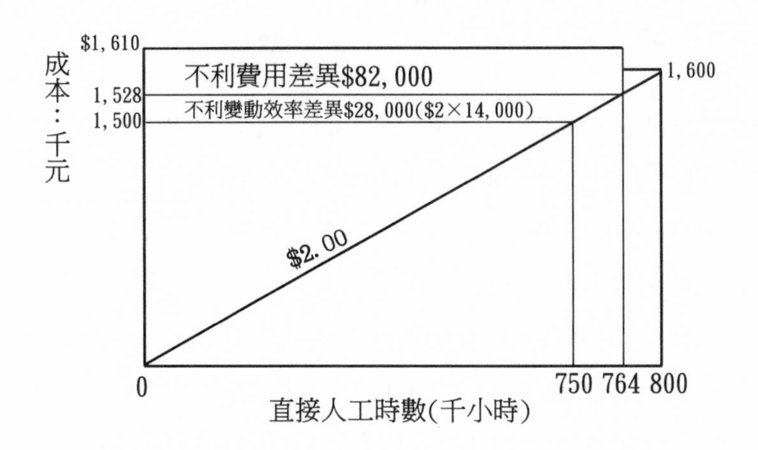

計算題

12.1 新臺公司的標準單位成本制定如下:

直接原料:	5單位@ 20	$100
直接人工:	4小時@ 15	60

19A年 3月份，開工製造並完成產品 10,000單位，其成本記錄如下:

購入原料 60,000單位@$22，經領用 51,000單位。

耗用直接人工 42,000小時@$16。

試求:

(a)原料數量差異。

(b)原料價格差異。

(c)人工工資率差異。

(d)人工效率差異。

解:

原料實際成本:	$\$22 \times 51,000$	$ 1,122,000
原料標準成本:	$\$20 \times 10,000 \times 5$	(1,000,000)
原料總差異		$ 122,000

(a)原料數量差異: $(51,000 - 50,000) \times \$20 = \$20,000$（不利差異）

(b)原料價格差異: $(\$22 - \$20) \times 51,000 = \$102,000$（不利差異）

原料總差異 $= \$20,000 + \$102,000 = \$122,000$（不利差異）

人工實際成本: $\$16 \times 42,000 = \$672,000$

人工標準成本: $\$15 \times 10,000 \times 4 = \$600,000$

人工總差異 $= \$672,000 - \$600,000 = \$72,000$（不利差異）

(c)人工工資率差異: $(\$16 - \$15) \times 42,000 = \$42,000$（不利差異）

(d)人工效率差異: $(42,000 - 40,000) \times \$15 = \$30,000$（不利差異）

人工總差異 $= \$42,000 + \$30,000 = \$72,000$（不利差異）

12.2 新華公司製造產品一種，每單位須耗用標準人工 4小時，才能完成。預計每月份正常生產能量為 10,000單位，在正常生產能量下，製造費用預計如下:

固定	$ 60,000
變動	40,000
合計	$100,000

19A年 2月份，完工產品 9,000單位，耗用直接人工 36,000小時，實際製造費用如下：

固定	$ 60,000
變動	42,000
合計	$102,000

試求：

(a)二項差異分析法之能量差異及預算差異。

(b)三項差異分析法之效率差異及費用差異。

解：

(a)能量差異： $10\%^{*} \times \$60,000 = \$6,000$（不利差異）

$*(10,000 - 9,000) \div 10,000 = 10\%$

預算差異：

實際製造費用			$102,000
預計製造費用：			
固定		$60,000	
變動：	$\$4 \times 9,000$	36,000	96,000
預算差異			$ 6,000（不利差異）

(b)效率差異： $(36,000 - 4 \times 9,000) \times \$1 = \$0$

費用差異：

實際製造費用			$102,000
預計製造費用			
固定		$60,000	
變動：	$36,000 \times \$1$	36,000	96,000
			$ 6,000（不利差異）

12.3 新莊公司生產甲產品，其單位標準原料成本之組合如下：

A 原料	4單位@$2	$ 8
B 原料	4單位@$1	4
C 原料	2單位@$4	8
合　計		$20

19A年 4月份，每單位產品之實際組合如下：

A 原料	4單位@$2.00	$ 8
B 原料	10單位@$0.90	9
C 原料	1單位@$4.00	4
合　計		$21

試求：

(a)原料價格差異。

(b)原料數量差異。

(c)原料組合差異。

解：

標準成本：				
A原料：	4	×	$2.00	$ 8.00
B原料：	4	×	1.00	4.00
C原料：	2	×	4.00	8.00
	10		$2.00	$20.00
實際成本：				
A原料：	4	×	$2.00	$ 8.00
B原料：	10	×	0.90	9.00
C原料：	1	×	4.00	4.00
	15		$1.40	$21.00

(a)原料價格差異:

A 原料:		$　0
B 原料:	($1.00 – $0.90) × 10	1.00（有利差異）
C 原料:		0
		$ 1.00（有利差異）

(b)原料數量差異:　(15 – 10) × 2 = $10.00（不利差異）

(c)原料組合差異:

	原料耗用總量	× 組合	× 標準單價	= 成　本
實際用量、實際組合:				
A 原料	15	$\frac{4}{15}$	$2.00	$ 8.00
B 原料	15	$\frac{10}{15}$	1.00	10.00
C 原料	15	$\frac{1}{15}$	4.00	4.00
				$22.00

	原料耗用總量	× 組合	× 標準單價	= 成　本
實際用量、標準組合:				
A 原料	15	$\frac{4}{10}$	$2.00	$12.00
B 原料	15	$\frac{4}{10}$	1.00	6.00
C 原料	15	$\frac{2}{10}$	4.00	12.00
				$30.00

原料組合差異: $30 – $22 = $8.00（有利差異）

總差異 = 原料價格差異 + 原料數量差異 + 原料組合差異

　　= $1.00 – $10.00 + $8.00

　　= –$1.00（不利差異）

12.4 新店公司採用標準成本會計制度，據該公司製造費用變動標準表所列示，甲製造部每月標準工作時間為 3,000小時，每月固定製造費用為$30,000；變動費用每小時$20。 19A年 1 月份甲製造部實際工作時間，僅達標準時間之 80%； 1 月份所製產品之應耗工作時間，則為實際工作時間之 5/6； 1 月份甲製造部實際發生費用$84,000。

試求：請按下列兩種方法，分析甲製造部 1 月份實際與標準製造費用之差異

(a)二項差異分析。

(b)三項差異分析。

（高考試題）

解：

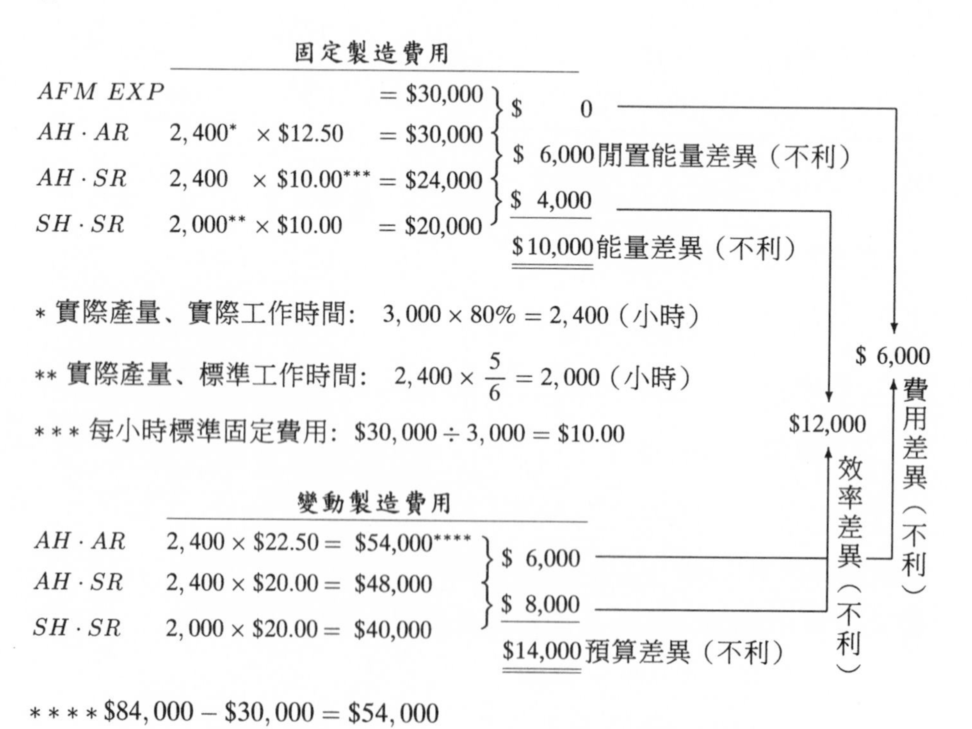

(a)二項差異：(1)能量差異$10,000（不利）；

(2)預算差異$14,000（不利）。

(b)三項差異：(1)閒置能量差異$6,000（不利）；

(2)費用差異$6,000（不利）；

(3)效率差異$12,000（不利）。

12.5 新生公司採用標準成本會計制度，每年生產能量為 50,000單位，每單位標準製造費用預計分攤率為$4.00。

19A 年 10月份，實際產量為 52,000單位，發生下列各項差異：

不利製造費用預算差異$1,500
有利製造費用能量差異$5,000

19A 年 11月份，實際產量為 49,000單位，其實際製造費用比 10月份少$2,000。

試求：請計算 19A 年 11月份下列二項差異

(a)預算差異。

(b)能量差異。

（加拿大工業會計師考試試題）

解：

能量差異 ＝ 固定製造費用分攤率×（標準產量 － 實際產量）

設：固定製造費用分攤率 $= r$，則

$-\$5,000 = r \times (\$50,000 - \$52,000)$（註：負號代表有利差異）

$-\$5,000 = -2,000r$

$r = \$2.50$

變動製造費用分攤率 $= \$4.00 - \$2.50 = \$1.50$

固定製造費用預算 $= \$2.50 \times 50,000 = \$125,000$

或 $= \$200,000 - \$1.50 \times 50,000 = \$125,000$

10 月份預算差異 =實際製造費用 − 實際產量在預算上設定的製造費用（包括固定及變動製造費用在內）

$\$1,500 = x - (\$2.50 \times 50,000 + \$1.50 \times 52,000)$

$x = \$203,000 + \$1,500 = \$204,500$

(a) 11 月份預算差異 $= \$202,500 - (\$2.50 \times 50,000 + \$1.50 \times 49,000)$

$= \$202,500 - \$198,500 = \$4,000$（不利）

(b) 11 月份能量差異 = 實際產量在預算上設定的製造費用 − 實際產量標準工作時間應分攤的標準製造費用（按工作效率 100% 計算）

$= \$198,500 - (\$2.50 \times 49,000 + \$1.50 \times 49,000)$

$= \$198,500 - 196,000 = \$2,500$ （不利）

或 $= \$2.50 \times (50,000 - 49,000) = \$2,500$（不利）

12.6 新光公司採用標準成本會計制度，生產甲產品一種，其標準成本的有關資料如下：

1.直接原料： 2單位@$10　　$20

直接人工：標準人工 1小時@$20　　20

2.彈性預算表每期製造費用如下：

生產能量百分比	80%	100%	120%
生產單位	8,000	10,000	12,000
製造費用：			
固定	$20,000	$20,000	$20,000
變動	16,000	20,000	24,000
	$36,000	$40,000	$44,000

3. 19A年 5月份完成產品 8,000單位，其實際成本如下：

購入原料 20,000單位@$11
領用原料 16,200單位
直接人工: 8,200小時@$21

製造費用:

固定	$20,000
變動	16,500

試求:

(a)標準單位製造費用。

(b)原料數量差異。

(c)原料價格差異。

(d)人工工資率差異。

(e)人工效率差異。

(f)製造費用二項差異及三項差異分析法之各項差異。

解:

(a)標準單位製造費用:

單位固定製造費用 + 單位變動製造費用

$= \$2.00 + \$2.00 = \$4.00$

(b)原料數量差異:

實際用量		16,200	
標準用量:	$8,000 \times 2$	(16,000)	
超　過		200	
每單位標準成本		× $10	$2,000（不利差異）

(c)原料價格差異:

$(\$11.00 - \$10.00) \times 16,200 = \$16,200$（不利差異）

(d)人工工資率差異:

$(\$21.00 - \$20.00) \times 8,200 = \$8,200$（不利差異）

(e)人工效率差異:

$(8,200 - 1 \times 8,000) \times \$20 = \$4,000$（不利差異）

(f)(1)製造費用二項差異:

能量差異:				
$20\% \times \$20,000$			$4,000	（不利差異）
(或: $\$20,000 - \$2 \times 8,000$)				
預算差異:				
實際製造費用: $\$20,000 + \$16,500$		$ 36,500		
預計製造費用:				
固定	$20,000			
變動: $\$2 \times 8,000$	16,000	(36,000)	$ 500	（不利差異）
二項差異合計			$4,500	（不利差異）

(2)製造費用三項差異:

閒置能量差異: $\$2(10,000 - 8,200)$			$3,600	（不利差異）
效率差異:				
$(8,200 - 8,000) \times \$4$			$ 800	（不利差異）
費用差異:				
實際製造費用		$ 36,500		
預計製造費用:				
固定	$20,000			
變動: $\$2 \times 8,200$	16,400	(36,400)	$ 100	（不利差異）
三項差異合計			$4,500	（不利差異）

12.7 新吉公司採用標準成本制度。標準成本單上列示甲產品每一單位的原料及人工成本如下:

直接原料:	2件@$10	$20
直接人工:	3小時@$10	30

每月份標準生產能量為 10,000單位。在此一生產能量下，固定成本$10,000，變動成本$20,000。

19A年 5月份，完成產品 11,000單位，實際成本如下:

購入原料:	30,000單位@$9	
領用原料:	23,000單位	
直接人工:	35,000小時@$11	
製造費用:		
固定		$10,000
變動		23,000

試依二項差異及三項差異分析法，計算各項差異，並求原料及人工成本的各項差異。

解:

(a)二項差異:

(1)預算差異:

	實際製造費用	實際產量在預算上設定之製造費用	不利（有利）差異
固　定	$10,000	$10,000	$　0
變　動	23,000	22,000	1,000
合　計	$33,000	$32,000	$1,000

(2)能量差異:

	實際產量在預算上設定之製造費用	實際產量標準工作時間應攤標準製造費用	不利（有利）差　異
固　定	$10,000	$11,000	$(1,000)
變　動	22,000	22,000	0
合　計	$32,000	$33,000	$(1,000)

總差異 ＝(1)+(2) ＝$0

(b)三項差異:

(1)費用差異:

	實際製造費用	實際產量實際工作時間在預算上設定之製造費用	不利（有利）差異
固定	$10,000.00	$10,000.00	$ 0
變動	23,000.00	23,333.33*	(333.33)
合計	$33,000.00	$33,333.33	$(333.33)

$*\$0.66 \times 35,000 = \$23,333.33$

(2)閒置能量差異:

	實際產量實際時間在預算上設定之製造費用	實際產量實際工作時間應攤標準費用	不利（有利）差異
固定	$10,000.00	$11,666.67*	$(1,666.67)
變動	23,333.33	23,333.33	0
合計	$33,333.33	$35,000.00	$(1,666.67)

$*\$0.33 \times 35,000 = \$11,666.67$

(3)效率差異:

	實際產量實際工作時間應攤標準費用	實際產量標準工作時間應攤標準費用	不利（有利）差異
固定	$11,666.67	$11,000.00*	$ 666.67
變動	23,333.33	22,000.00**	1,333.33
合計	$35,000.00	$33,000.00	$2,000.00

$*\$0.33 \times 33,000 = \$11,000$

$**\$0.66 \times 33,000 = \$22,000$

總差異 ＝(1)＋(2)＋(3)＝$0

(c)原料差異:

(1)原料價格差異:　$(\$10-\$9)\times 23,000=\$23,000$（有利差異）

(2)原料數量差異:　$(23,000-2\times 11,000)\times \$10=\$10,000$（不利差異）

總差異 ＝(1)－(2)＝$13,000（有利差異）

(d)人工差異:

(1)人工工資率差異:　$(\$11-\$10)\times 35,000=\$35,000$（不利差異）

(2)人工效率差異:　$(35,000-3\times 11,000)\times \$10=\$20,000$（不利差異）

總差異 ＝(1)＋(2)＝$55,000（不利差異）

12.8 新民公司生產化合物產品一種，每 20公斤裝成一袋，每單位產品亦以 20公斤作為計算產量單位。

經分析最經濟之原料組合如下:

甲原料:	4公斤@$10	$ 40
乙原料:	16公斤@ 5	80
合　計:	20公斤	$120

每單位產品需用人工 10小時，其情形如下:

A 級人工:	4小時@$13	$ 52
B 級人工:	6小時@$ 8	48
合　計:	10小時	$100

19A年 4月份，因乙原料缺乏，改用甲原料代替。人工亦由於 A 級人工缺額，無法按原訂比例操作。當月份完成產品 1,000單位 (每單位 20公斤)，實際耗用原料及人工成本如下:

直接原料:	甲原料:	11,000公斤@$11	$121,000
	乙原料:	10,000公斤@$6	60,000
直接人工:	A 級人工:	3,000小時@$14	42,000
	B 級人工:	10,000小時@$8	80,000

由於情況特殊，故產生浪費及無效率之情形。

試為該公司計算下列各項差異:

(a)原料數量差異。

(b)原料價格差異。

(c)原料組合差異。

(d)人工效率差異。

(e)人工工資率差異。

(f)人工組合差異。

（高考試題）

解:

原料差異之計算:

實際原料成本:					
甲原料	11/21	11,000	公斤	@$11	$121,000
乙原料	10/21	10,000	公斤	@$ 6	60,000
	1	21,000	公斤	$8.6190	$181,000
標準原料成本:					
甲原料	4/20	4,000	公斤	@$10	$ 40,000
乙原料	16/20	16,000	公斤	@$ 5	80,000
	1	20,000	公斤	$6.00	$120,000

(a)原料數量差異: $(21,000 - 20,000) \times \$6 = \$6,000$（不利差異）

(b)原料價格差異:

甲原料:	($11 − $10) × 11,000	$11,000	(不利差異)
乙原料:	($6 − $5) × 10,000	10,000	(不利差異)
		$21,000	(不利差異)

(c)原料組合差異:

	原料耗用總量	×	組　合	×	標準單價	=	成　本	
實際用量、實際組合:								
甲原料:	21,000	×	11/21	×	$10	=	$110,000	
乙原料:	21,000	×	10/21	×	5	=	50,000	
合　計							$160,000	
實際用量、標準組合:								
甲原料:	21,000	×	4/20	×	$10	=	$ 42,000	
乙原料:	21,000	×	16/20	×	5	=	84,000	
合　計							$126,000	
組合差異:	$160,000 − $126,000						$ 34,000	(不利差異)

原料總差異 = 原料數量差異 + 原料價格差異 + 原料組合差異

= $6,000 + $21,000 + $34,000

= $61,000 (不利差異)

人工差異之計算:

實際人工成本:				
A級人工	3/13	3,000 小時	@$14	$ 42,000
B級人工	10/13	10,000 小時	@ 8	80,000
	1	13,000 小時	$9.38	$122,000
標準人工成本:				
A級人工	4/10	4,000 小時	@$13	$ 52,000
B級人工	6/10	6,000 小時	@ 8	48,000
	1	10,000 小時	$10	$100,000

(d)人工效率差異: (13,000 − 10,000) × $10 = $30,000(不利差異)

(e)人工工資率差異:

A級人工:	($14 − $13) × 3,000	$3,000	(不利差異)
B級人工		0	
		$3,000	(不利差異)

(f)人工組合差異:

	人工耗用總時數	×	組合 (%)	×	標準工資率	=	成　本
實際人工、實際組合:							
A級人工	13,000	×	3/13	×	$13	=	$ 39,000
B級人工	13,000	×	10/13	×	8	=	80,000
合　　計							$119,000
實際人工、標準組合:							
A級人工	13,000	×	4/10	×	$13	=	$ 67,600
B級人工	13,000	×	6/10	×	8	=	62,400
合　　計							$130,000
組合差異:	$130,000 − $119,000						$ 11,000 (有利差異)

人工總差異 = 人工效率差異 + 人工工資率差異 + 人工組合差異
= $30,000 + $3,000 − $11,000
= $22,000(不利差異)

12.9 新營公司 19A年 5月份,有關直接人工成本資料如下:

標準直接人工工資率	$6.00
實際直接人工工資率	5.80
標準直接人工時數	20,000小時
實際直接人工時數	21,000小時
有利直接人工工資率差異	$4,200

試求:

(a) 19A年 5月份直接人工成本。

(b) 19A年 5月份直接人工效率差異。

(美國會計師考試試題)

解:

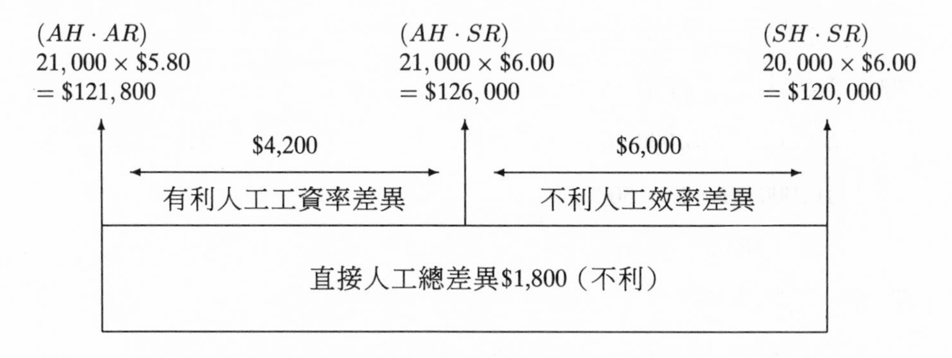

(a)直接人工成本: $\$5.80 \times 21,000 = \$121,800$

(b)直接人工效率差異: $\$5.80 \times 1,000 = \$5,800$（不利）

12.10 新城公司 19A年 1月份，有關直接人工成本資料如下:

實際直接人工工資率	$7.50
標準直接人工時數	11,000小時
實際直接人工時數	10,000小時
有利直接人工工資率差異	$5,500

試求:

(a) 19A年 1月份標準直接人工工資率。

(b) 19A年 1月份直接人工效率差異。

（美國會計師考試試題）

解:

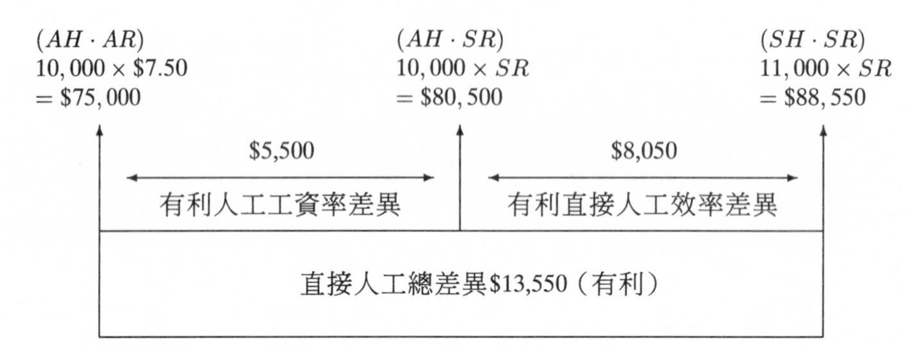

(a)標準直接人工工資率 (SR):

$$\$75,000 - 10,000SR = -\$5,500$$

$$10,000SR = \$80,500$$

$$SR = \$8.05$$

(b)直接人工效率差異:

$(11,000 - 10,000) \times \$8.05 = \$8,050$（有利）

12.11 新新公司採用標準成本制度，生產單一產品，每月份標準生產能量為 10,000單位，每單位產品標準成本如下:

直接原料:	2件@$1.50		$3.00
直接人工:	1標準小時@$2.00		2.00
製造費用:			
固定		$1.50	
變動		2.00	3.50
合計			$8.50

19A年 12月份各項不利差異如下:

原料價格差異 (依實際成本入帳)	1,710
原料數量差異	150
人工效率差異	200
人工工資率差異	860
能量差異 (兩項差異分析)	2,250
預算差異 (兩項差異分析)	300

試求:

(a)製成產品之單位數。

(b)領用直接原料總成本。

(c)耗用直接人工總成本。

(d)領用直接原料數量。

(e)領用原料每件價格。

(f)實際人工小時。

(g)直接人工工資率。

(h)製造費用已分攤數及實際數。

(i)三項差異分析法下之效率差異及費用差異。

解:

(a)製成產品之單位數:

標準生產能量	10,000	單位
能量差異:　$\$2,250 \div \$1.50$	1,500	單位
	8,500	單位

(b)領用直接原料總成本:

標準原料成本:	$\$3 \times 8,500$	$25,500
原料價格差異		1,710
原料數量差異		150
		$27,360

(c)耗用直接人工總成本:

標準人工成本:	$\$2 \times 8,500 =$	$17,000
人工效率差異		200
人工工資率差異		860
		$18,060

(d)領用直接原料數量:

標準原料數量:	$8,500 \times 2 \quad =$	17,000 單位
原料數量差異:	$\$150 \div 1.50 =$	100 單位
		17,100 單位

(e)領用原料每件價格:

$\$27,360 \div 17,100 = \$1.60$

(f)實際人工小時:

標準人工小時:	$8,500 \times 1 =$	8,500 小時
人工效率差異:	$\$200 \div \$2 =$	100 小時
		8,600 小時

(g)直接人工工資率:

$\$18,060 \div 8,600 = \$2.10$

(h)製造費用之已分攤數及實際數:

已分攤數: $\$3.50 \times 8,500$		$29,750
實際數:		
已分攤數	$29,750	
能量差異	2,250	
預算差異	300	$32,300

(i)效率差異:

$\$3.50 \times (8,600 - 8,500) = \underline{\underline{\$350}}$（不利）

費用差異:

實際製造費用			$ 32,300	
預算上設定之製造費用:				
固定:	$1.50 × 10,000	$15,000		
變動:	$2.00 × 8,600	17,200	(32,200)	$100（不利）

12.12 新興公司製造西藥一種，每 100 單位包裝為一盒，並採用標準成本會計制度。已知每盒標準成本如下:

直接原料:	60公斤@$ 5	$ 300
直接人工:	40小時@$25	1,000
製造費用:	40小時@$20	800
合　　計		$2,100

19A 年 11月份生產 210盒，有關成本資料如下:

每月正常生產能量		24,000單位
直接原料實際領用		13,000公斤
直接原料耗用成本	$68,900	
直接人工時數		8,600小時
直接人工成本	$210,700	
實際製造費用	173,250	
標準產量之固定製造費用	72,000	

公司管理當局已經注意每盒產品實際成本與標準成本之差異。

試求:

(a)直接原料差異。

(b)直接人工差異。

(c)二項及三項差異分析之各項製造費用差異。

解:

(a)直接原料差異:

數量差異:	$(13,000 - 60 \times 210) \times \$5$	$2,000	(不利差異)
價格差異:	$(\$5.30 - \$5.00) \times 13,000$	3,900	(不利差異)
		$5,900	(不利差異)

(b)直接人工差異:

效率差異:	$(8,600 - 40 \times 210) \times \$25$	$5,000	(不利差異)
工資率差異:	$(\$25.00 - \$24.50) \times 8,600$	4,300	(有利差異)
		$ 700	(不利差異)

(c)製造費用差異:

(1)二項差異:

預算差異:

	實際製造費用	實際產量在預算上設定之製造費用	不利(有利)差異
固定	$ 72,000	$ 72,000	$ 0
變動	101,250	105,000*	(3,750)
	$173,250	$177,000	$(3,750)

$*(\$800 - 300) \times 210 = \$105,000$

能量差異:

	實際產量在預算上設定之製造費用	實際產量標準時間應攤標準製造費用	不利（有利）差　　異
固　定	$ 72,000	$ 63,000	$9,000
變　動	105,000	105,000	0
合　計	$177,000	$168,000	$9,000

總差異: $\$9,000 - \$3,750 = \$5,250$（不利差異）

⑵三項差異分析:

費用差異:

	實際製造費用	實際產量實際時間在預算上設定之製造費用	不利（有利）差　　異
固　定	$ 72,000	$ 72,000	$ 0
變　動	101,250	107,500*	(6,250)
合　計	$173,250	$179,500	$(6,250)

$*\$12.50 \times 8,600 = \$107,500$

$(\$500 \times 240) \div (240 \times 40) = \$12.50$

閒置能量差異:

	實際產量實際時間在預算上設定之製造費用	實際產量實際時間應攤標準費用	不利（有利）差　　異
固　定	$ 72,000	$ 64,500*	$7,500
變　動	107,500	107,500	0
合　計	$179,500	$172,000	$7,500

$*\$72,000 \div 9,600 = \$7.50$

$\$7.50 \times 8,600 = \$64,500$

效率差異:

	實際產量實際時間應攤標準費用	實際產量標準時間應攤標準費用	不利（有利）差異
固　定	$ 64,500	$ 63,000	$1,500
變　動	107,500	105,000*	2,500
合　計	$172,000	$168,000	$4,000

$*\$7.50 \times 8,400 = \$63,000$

$\$12.50 \times 8,400 = \$105,000$

總差異 ＝ 費用差異 ＋ 閒置能量差異 ＋ 效率差異

$= -\$6,250 + \$7,500 + \$4,000$

＝ $5,250（不利差異）

12.13 新芳公司採用標準成本會計制度，甲製造部之製造費用變動標準如下：

甲製造部變動標準表

直接人工小時	8,000	9,000	9,500	10,000
百分比	80%	90%	95%	100%
間接人工	$29,400	$34,200	$35,300	$36,400
間接材料	20,560	23,120	24,410	25,700
修理費	10,960	11,700	12,000	12,300
折　舊	4,200	4,200	4,200	4,200
其　他	8,680	9,540	9,970	10,400
合　　計	$73,800	$82,760	$85,880	$89,000

19A年 1 月份甲製造部實際直接人工為 9,500小時，所製造產品應耗標準工作時間為 9,200小時，實際發生之製造費用如下：

間接人工	$34,800
間接材料	24,080

修理費	13,130
折　舊	4,200
其　他	10,240
合　　計	$86,450

試求：請按下列二種方法，為該公司計算各項製造費用差異

(a)二項差異分析。

(b)三項差異分析。

（高考試題）

解：

設變動製造費用單位成本為 x

$$x(10,000-9,500)=(89,000-85,880)$$

$$500x=3,120$$

$$x=\$6.24$$

固定製造費用單位成本 $=\$8.90^{*}-\$6.24=\$2.66$

$*\$89,000\div 10,000=\$8.90$

(a)二項差異分析

(1)預算差異：

實際製造費用	$86,450
實際產量在預算上設定之製造費用 (100%)	84,008
預算差異	$ 2,442

(2)能量差異：

實際產量在預算上設定之製造費用	$84,008
實際產量之標準工作時間應攤標準費用 (100%)	
$9,200\times(\$89,000\div 10,000)$	81,880
能量差異	$ 2,128

總差異: (1) + (2) = $4,570

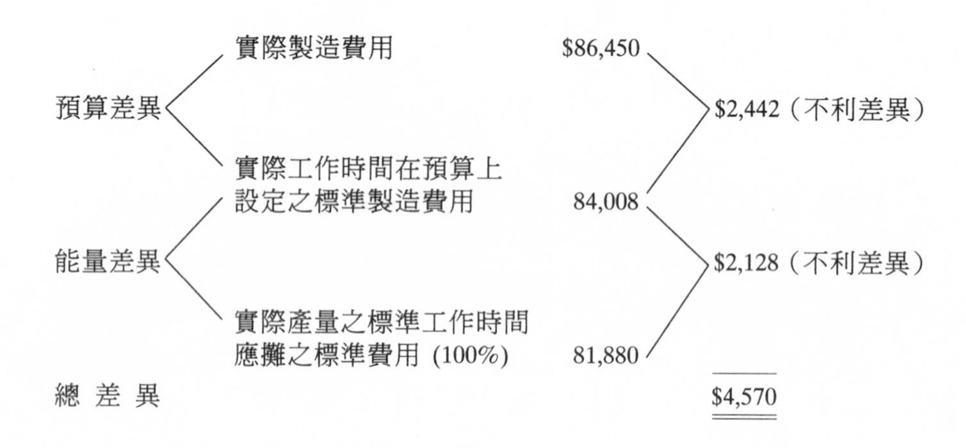

(b)三項差異分析:

(1)費用差異:

實際製造費用	$86,450
實際產量實際時間在預算上 設定之標準製造費用	85,880
	$ 570

(2)閒置能量差異:

實際產量實際時間在預算上 設定之標準製造費用	$85,880
實際產量實際時間應攤標準費用:	
$9,500 \times (\$89,000 \div 10,000)$	84,550
	$ 1,330

(3)效率差異:

實際產量實際時間應攤標準費用	$84,550
實際產量標準時間應攤之標準製造費用:	
9,200 × ($89,000 ÷ 10,000)	81,880
	$ 2,670

總差異: (1) + (2) + (3) =$4,570

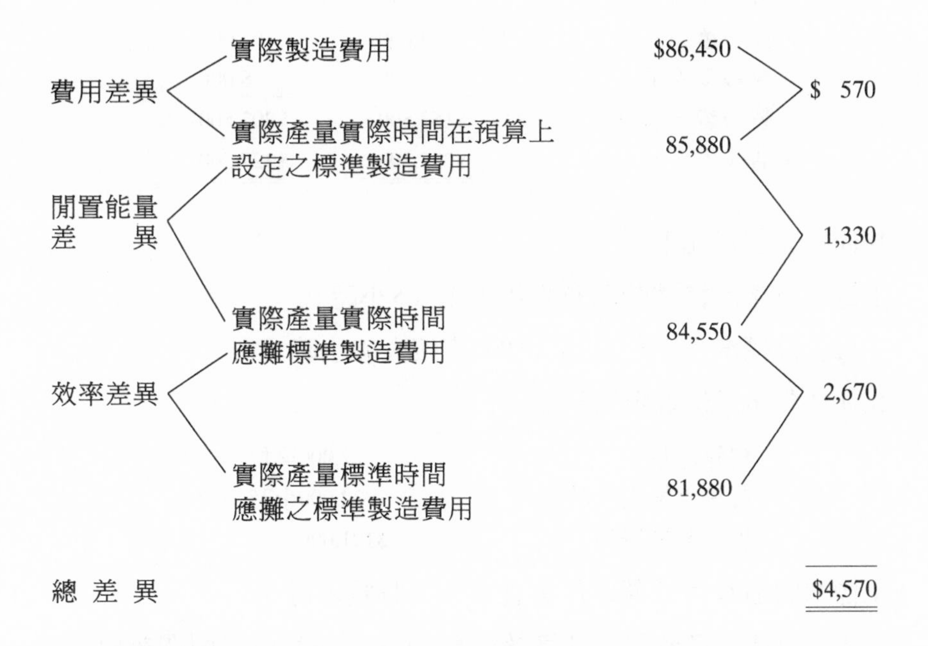

總 差 異　$4,570

12.14 新泰公司生產單一產品，每單位所含重量為 100磅。每月份彈性預算之資料如下:

產量	15,000	25,000
直接原料	$ 30,000	$ 50,000
直接人工	$ 45,000	$ 75,000
製造費用:		
間接材料	$ 15,000	$ 25,000
間接人工	30,000	50,000
監　工	26,250	33,750
燈光及電力等	15,250	22,750
折　舊	63,000	63,000
保險及稅捐	8,000	8,000
製造費用合計	$157,500	$202,500
製造成本合計	$232,500	$327,500

其他補充資料如下:

1.每單位產品標準時間為直接人工 1.5小時。

2.每月份標準生產能量為 30,000直接人工小時。

3. 19A年 6月份實際資料如下:

實際產量	22,000單位
實際直接人工時數	32,000小時
實際製造費用	$191,000

4.標準製造費用分攤率係按直接人工時數求得。

試求: 根據上列資料, 計算該公司 19A 年 6月份之製造費用三項差異。

(加拿大工業會計師考試試題)

解:

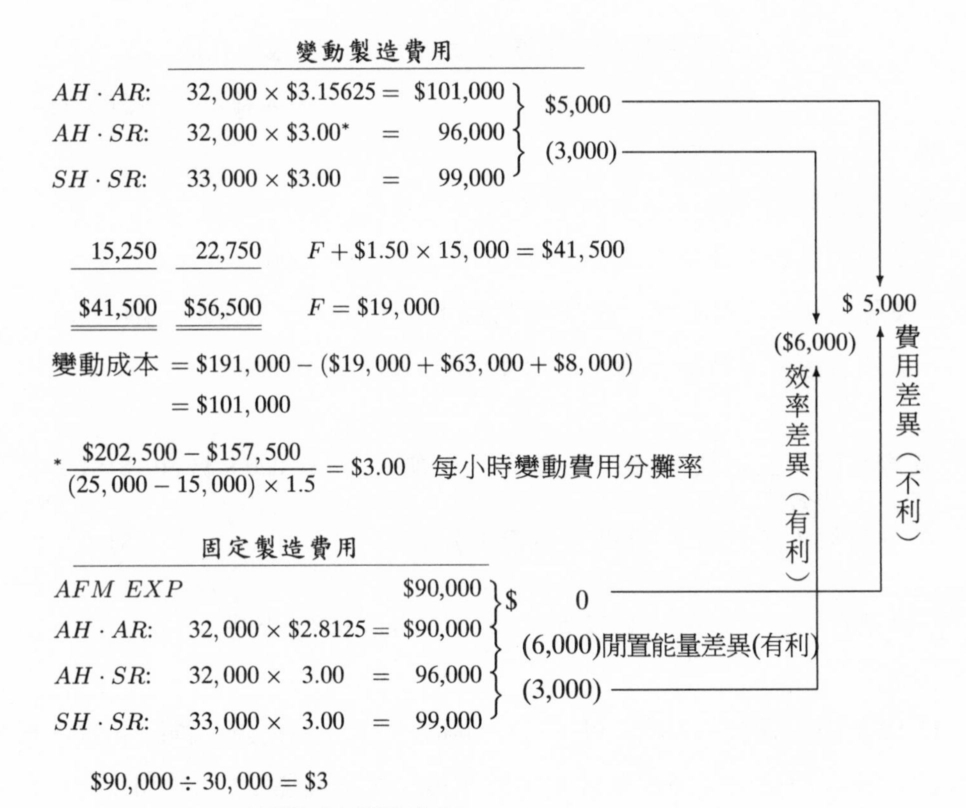

$AFM\ EXP$: 實際固定製造費用

12.15 下列為新竹公司製成部 19A 年第 4季之資料:

實際製造費用總額	$178,500
預算上所允許之製造費用	$110,000加上每直接人工小時$0.50
製造費用預計分攤率	每直接人工小時$1.50
費用差異	$8,000(不利)
效率差異	$9,000(不利)

製造費用差異分為費用差異，閒置能量差異及效率差異等三項。

試求:

(a) 19A年第 4季製成部實際直接人工時數。

(b) 19A年第 4季製成部實際產量所允許之標準直接人工時數。

（美國會計師考試試題）

解:

固定製造費用分攤率 $= \$1.50 - \$0.50 = \$1.00$

(a)實際變動製造費用 $= \$178,500 - \$110,000 = \$68,500$

實際直接人工時數所允許之變動費用 $= \$68,500 - \$8,000 = \$60,500$

實際直接人工時數 $= \$60,500 \div \$0.50 = 121,000$（小時）

(b)

實際直接人工時數 × 標準製造費用分攤率:	121,000 × $1.50	$181,500
減: 不利效率差異		(9,000)
標準直接人工時數 × 標準製造費用分攤率		$172,500

標準直接人工時數 $= \$172,500 \div \$1.50 = 115,000$（小時）

12.16 新力公司於 19A年 5月 1日，開始生產一種稱為「神眼」的新產品。該公司採用標準成本會計制度；每單位標準成本如下:

直接原料: 6件@$1	$ 6.00
直接人工: 1小時@$4	4.00
製造費用為直接人工成本之 75%	3.00
合　計	$13.00

其他補充資料如下:

實際產量	4,000單位
出售數量	2,500單位
銷貨收入	$50,000
進料 26,000件	27,300
原料價格差異 (5 月份購入)	$1,300(不利)
原料數量差異	1,000(不利)
人工工資率差異	760(不利)
人工效率差異	800(不利)
製造費用差異總額	500(不利)

試求:

(a)實際產量所允許之直接原料標準耗用量。

(b)直接原料實際耗用量。

(c)實際產量所允許之直接人工標準時數。

(d)實際工作時數。

(e)實際直接人工工資率。

(f)實際製造費用總額。

解:

(a)直接原料標準耗用量: $4,000 \times 6 = 24,000$（件）

(b)直接原料實際耗用量: $24,000 + 1,000^{*} = 25,000$（件）

$*\$1,000 \div \$1 = 1,000$（件）

(c)直接人工標準時數: $4,000 \times 1 = 4,000$（小時）

(d)實際工作時數: $4,000 - (\$800 \div \$4) = 3,800$（小時）

(e)實際直接人工工資率: $\$4.00 + (\$760 \div 3,800) = \$4.20$

(f)實際製造費用總額 $= \$3 \times 4,000 + \$500 = \$12,500$

12.17 新亞公司採用標準成本會計制度，直接原料存貨按標準成本記帳；每單位產品之標準成本如下:

	標準數量	標準單價	標準成本
直接原料	0.8公斤	每公斤$180	$144
直接人工	1/4小時	每小時$ 80	20
合　　計			$164

19A年 5月份，新亞公司購入 16,000公斤之直接原料，每公斤$190；支付直接人工成本$378,000，製成產品 19,000單位，耗用直接原料 14,500公斤，直接人工 5,000小時。

試求:

(a)直接原料差異。

(b)直接人工差異。

（美國管理會計師考試試題）

解:

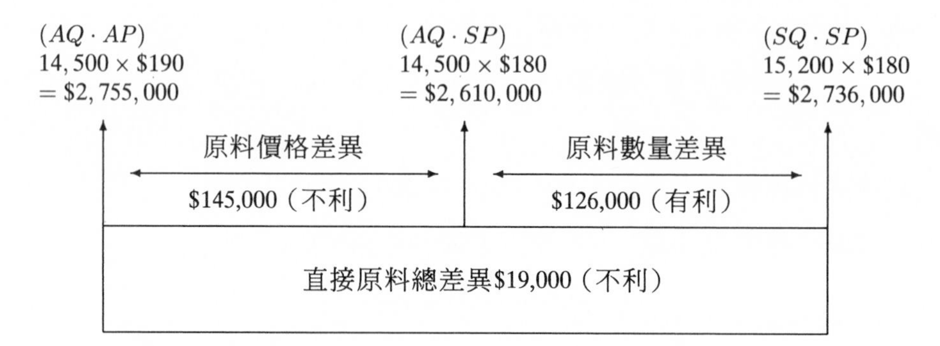

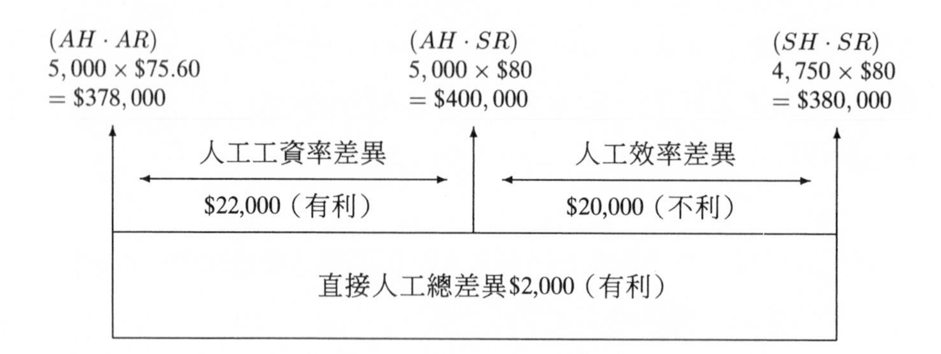

12.18 新南公司根據每月直接人工時數 180,000小時，設定標準製造費用如下:

標準製造費用/每單位產品:

變動:	2小時@$2=	$ 4
固定:	2小時@$5=	10
合計		$14

19A年 4月份，預計生產 90,000單位，惟實際只生產 80,000單位；4月份各項成本資料如下：

實際直接人工時數	165,000小時
實際直接人工成本	$1,320,000
實際製造費用	1,378,000

試求：請計算 19A年 4月份之下列各項差異

(a)費用差異。

(b)效率差異。

(c)能量差異。

（美國管理會計師考試試題）

解:

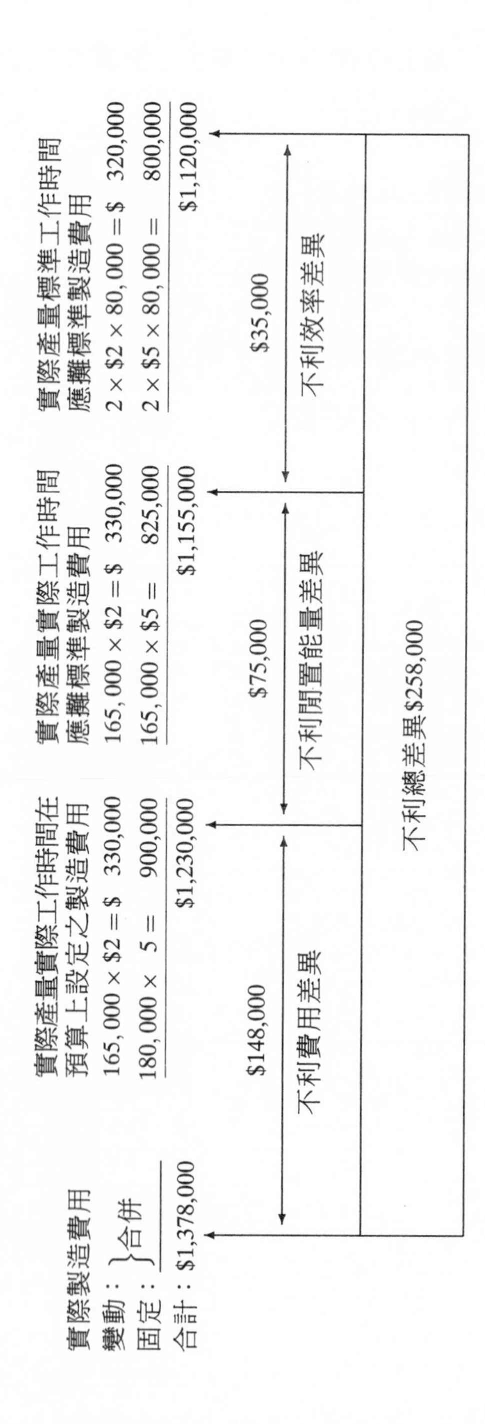
實際製造費用
變動：
固定：
合併
合計：$1,378,000
實際產量實際工作時間在
預算上設定之製造費用
165,000 × $2 = $ 330,000
180,000 × 5 = 900,000
$1,230,000
實際產量實際工作時間
應攤標準製造費用
165,000 × $2 = $ 330,000
165,000 × $5 = 825,000
$1,155,000
實際產量標準工作時間
應攤標準製造費用
2 × $2 × 80,000 = $ 320,000
2 × $5 × 80,000 = 800,000
$1,120,000
$148,000
不利費用差異
$75,000
不利閒置能量差異
$35,000
不利效率差異
不利總差異 $258,000

12.19 新東公司採用標準成本會計制度，所有存貨均按標準成本記帳。每單位產品之標準製造費用按直接人工時數，設定如下：

變動製造費用：	5小時@$8＝	$ 40
固定製造費用：	5小時@$12*＝	60
合　　計		$100

*按每月產能 300,000直接人工小時為基礎。

19A年 10月份，各項成本資料如下：

預計產量： 60,000單位
實際產量： 56,000單位
實際直接人工時數： 275,000小時
實際直接人工成本： $2,550,000
實際變動製造費用： $2,340,000
實際固定製造費用： $3,750,000

試求：請計算 19A年 10月份之下列各項差異

(a)費用差異。

(b)閒置能量差異。

(c)效率差異。

（美國管理會計師考試試題）

解:

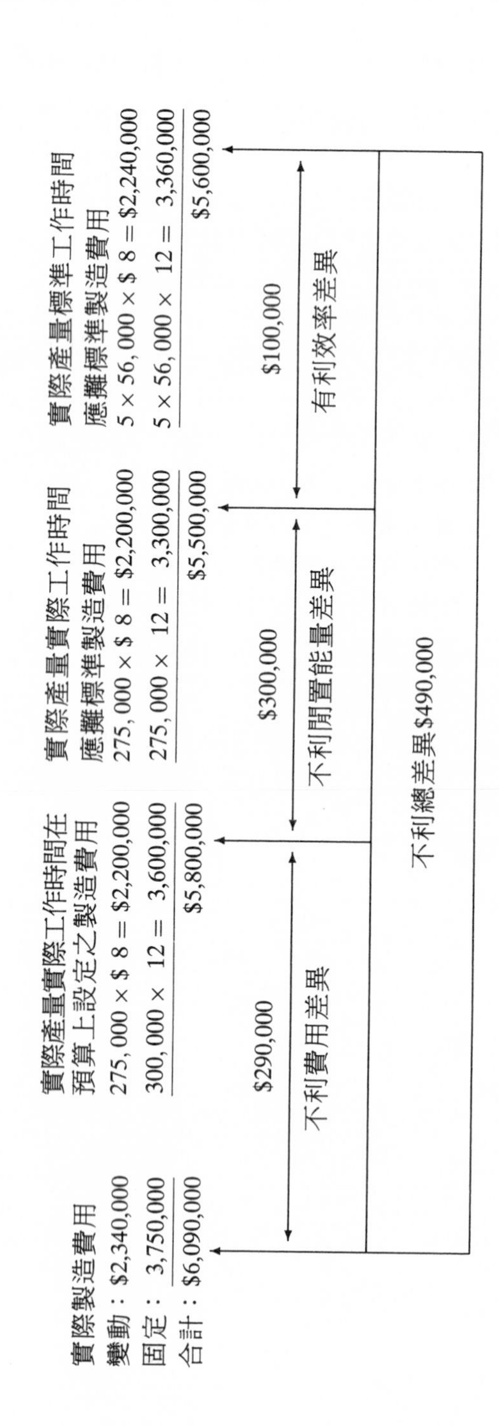
實際製造費用
變動：$2,340,000
固定： 3,750,000
合計：$6,090,000
實際產量實際工作時間在
預算上設定之製造費用
275,000 × $ 8 = $2,200,000
300,000 × 12 = 3,600,000
$5,800,000
實際產量實際工作時間
應攤標準製造費用
275,000 × $ 8 = $2,200,000
275,000 × 12 = 3,300,000
$5,500,000
實際產量標準工作時間
應攤標準製造費用
5 × 56,000 × $ 8 = $2,240,000
5 × 56,000 × 12 = 3,360,000
$5,600,000
$290,000
不利費用差異
$300,000
不利閒置能量差異
$100,000
有利效率差異
不利總差異 $490,000

12.20 新傳公司採用標準成本會計制度，19A年 4 月份，各項成本資料如下：

實際直接人工成本	$86,800
實際直接人工時數	14,000小時
標準直接人工時數	15,000小時
直接人工工資率差異 (不利)	$1,400
實際製造費用	$32,000
固定製造費用預算數	9,000
平均每月標準直接人工時數	12,000小時
每一直接人工小時預計製造費用分攤率	$2.25

試求：請按製造費用二項差異分析法，計算 19A年 4月份之下列各項差異

(a)直接人工效率差異。

(b)預算差異。

(c)能量差異。

（美國會計師考試試題）

解：

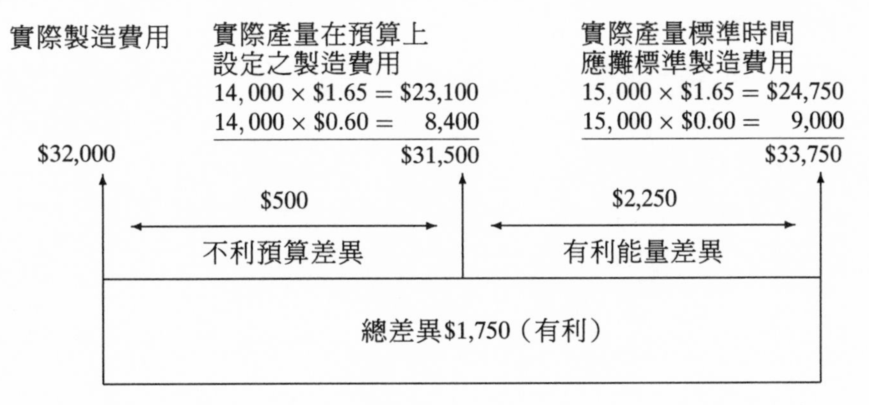

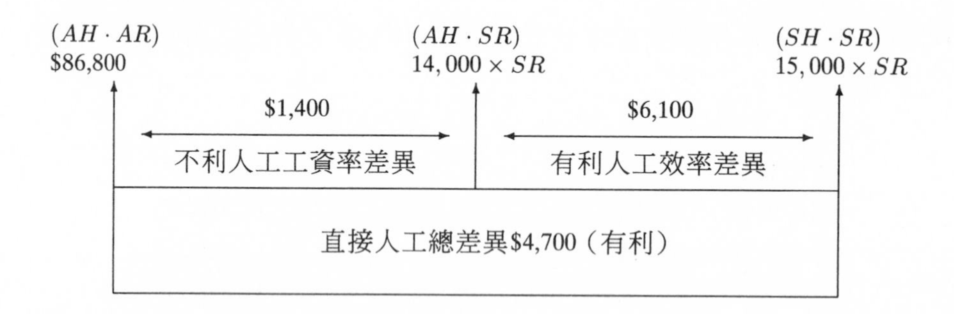

(a)直接人工效率差異:

$$\$86,800 - 14,000SR = \$1,400$$

$$SR = \$85,400/14,000 = \$6.10$$

$$(14,000 - 15,000) \times \$6.10 = -\$6,100$$（有利）

(b)預算差異\$500（不利）

(c)能量差異\$2,250（有利）

三民大專用書書目——會計・審計・統計

會計制度設計之方法	趙仁達	著	
銀行會計	文大熙	著	
銀行會計（上)、(下)（革新版)	金桐林	著	中興銀行
銀行會計實務	趙仁達	著	
初級會計學（上)、(下)	洪國賜	著	前淡水工商管理學院
中級會計學（上)、(下)	洪國賜	著	前淡水工商管理學院
中級會計學題解	洪國賜	著	前淡水工商管理學院
中等會計（上)、(下)	薛光圻、張鴻春	著	西東大學
會計學（上)、(下)	幸世間	著	前臺灣大學
會計學題解	幸世間	著	前臺灣大學
會計學概要	李兆萱	著	前臺灣大學
會計學概要習題	李兆萱	著	前臺灣大學
成本會計	張昌齡	著	成功大學
成本會計（上)、(下)（增訂新版)	洪國賜	著	前淡水工商管理學院
成本會計題解（上)、(下)（增訂新版)	洪國賜	著	前淡水工商管理學院
成本會計	盛禮約	著	淡水工商管理學院
成本會計習題	盛禮約	著	淡水工商管理學院
成本會計概要	童綷	著	
成本會計（上)、(下)	費鴻泰、王怡心	著	中興大學
成本會計習題與解答（上)、(下)	費鴻泰、王怡心	著	中興大學
管理會計	王怡心	著	中興大學
管理會計習題與解答	王怡心	著	中興大學
政府會計	李增榮	著	政治大學
政府會計	張鴻春	著	臺灣大學
政府會計題解	張鴻春	著	臺灣大學
財務報表分析	洪國賜 盧聯生	著	前淡水工商管理學院 輔仁大學
財務報表分析題解	洪國賜	著	前淡水工商管理學院
財務報表分析（增訂新版)	李祖培	著	中興大學
財務報表分析題解	李祖培	著	中興大學
稅務會計（最新版)	卓敏枝 盧聯生 莊傳成	著	臺灣大學 輔仁大學 文化大學

珠算學（上）、（下）	邱英桃 著	
珠算學（上）、（下）	楊渠弘 著	臺中商專
商業簿記（上）、（下）	盛禮約 著	淡水工商管理學院
審計學	殷文俊、金世朋 著	政治大學
商用統計學	顏月珠 著	臺灣大學
商用統計學題解	顏月珠 著	臺灣大學
商用統計學	劉一忠 著	舊金山州立大學
統計學	成灝然 著	臺中商專
統計學	柴松林 著	交通大學
統計學	劉南溟 著	臺灣大學
統計學	張浩鈞 著	臺灣大學
統計學	楊維哲 著	臺灣大學
統計學（上）、（下）	張素梅 著	臺灣大學
統計學	張健邦 著	政治大學
統計學題解	蔡淑女 著 張健邦 校訂	政治大學
現代統計學	顏月珠 著	臺灣大學
現代統計學題解	顏月珠 著	臺灣大學
統計學	顏月珠 著	臺灣大學
統計學題解	顏月珠 著	臺灣大學
推理統計學	張碧波 著	銘傳管理學院
應用數理統計學	顏月珠 著	臺灣大學
統計製圖學	宋汝濬 著	臺中商專
統計概念與方法	戴久永 著	交通大學
統計概念與方法題解	戴久永 著	交通大學
迴歸分析	吳宗正 著	成功大學
變異數分析	呂金河 著	成功大學
多變量分析	張健邦 著	政治大學
抽樣方法	儲全滋 著	成功大學
抽樣方法——理論與實務	鄭光甫 韋端 著	中央大學 主計處
商情預測	鄭碧娥 著	成功大學